초심자부터 전문 방제사까지

농업용
방제드론

GoldenBell

국내 초유
항공 방제 지침서를
내면서..

최근 들어 우리나라는 물론 전 세계적으로 드론 산업의 발전은 가히 괄목할 만하다. 아주 편리한 생활 산업 도구로써 항공 방제, 항공 촬영, 안전진단, 레포츠 분야 활용 등 그 쓰임새는 실로 상상을 초월한다.

이 중 농업에 활용하는 항공방제는 손이 부족한 농촌에서 대체 장비이자 경제성, 실용성을 배가시켜 주고있다.

이렇게 우리 곁으로 성큼 다가온 드론 항공 방제 작업! 하지만 그 활용법을 경솔하다 보면 인명피해나 기체의 망실 그리고 방제 후 약해藥害로 인한 배상 등 예기치 않은 불편을 초래하는 경우가 가파르게 증가하고 있다.

이러한 폐단을 막기 위해 다년간 드론으로 항공방제의 경험을 몸소 체득한 전문 방제사들과 함께 숙고한 구조와 기능을 녹여낸 실용서임을 자임한다. 드론 방제의 올바른 이해, 면밀한 준비 사항, 실시간 적용 상태, 사후관리 등 전 분야에 걸쳐 초심자부터 전문 방제사에게까지 그 활용가치가 충분하리라 짐작된다.

〈제1장〉 개관편으로 드론이란, 드론의 비행원리, 항공방제 시 필요한 안전법규
〈제2장〉 항공방제의 역사를 일본, 중국, 미국, 우리나라 등을 소개하였고
〈제3장〉 방제용 무인헬리콥터의 운용
〈제4장〉 방제용 멀티콥터의 기본 구조 및 형상, 조종기, GCS, 비행방법, 비행제어 시스템의 원리, 배터리, 모터와 변속기
〈제5장〉 방제용 드론의 국내외 종류

〈제6장〉 무인항공방제작업의 준비, 작업자의 구성과 역할, 살포비행법, 약제희석, 방제 노즐, 응급조치요령, 비산飛散, 방제차량 준비, 방제비용의 산출방법

〈제7장〉 유형별 항공방제의 형태로서 수도작(논농사), 원예, 과수방제, 잔디, 산림, 돌발적인 병, 해충방제

〈제8장〉 방제 드론의 구매 시 고려사항

〈제9장〉 안전관리 및 사업/기체 등록방법

〈제10장〉 방제간 사고사례

책으로서의 한계성을 극복하고자 부분적으로 활동상을 동영상(QR)으로 구현하여 Know-How를 전수하면서 개인의 방제와 전문방제사의 미래 먹거리를 제시하고 있다.

끝으로 산만한 원고를 잘 정리하여 일목요연하게 편집해준 김주휘 선생님을 비롯하여 (주)골든벨 대표이사 및 임직원들에게 지면으로나마 진심으로 고마움을 표한다.

2019년 7월 싱그러운 여름에

Contents

PART 1 드론의 개관

1. 드론이란? —————————————————————— 08
2. 드론(멀티콥터)의 비행원리 —————————————— 10
3. 항공방제에 필요한 항공안전법규 `QR` ——————————— 17

PART 2 항공방제(살포)의 역사

1. 외국 `QR` ——————————————————————— 52
2. 우리나라 `QR` —————————————————————— 60

PART 3 방제용 무인헬리콥터 운용

1. 개요 —————————————————————————— 66
2. 무인헬리콥터의 구성 `QR` ——————————————— 67
3. 무인헬리콥터 운용 ————————————————————— 75

PART 4 방제용 멀티콥터 운용

1. 기본 구조 및 형상 ————————————————————— 78
2. 조종기 및 GCS구성 ———————————————————— 85
3. 비행 방법————————————————————————— 96
4. 비행 제어시스템 원리 ———————————————————— 98
5. 배터리 `QR` ——————————————————————— 105
6. 전동 Motor와 변속기 ——————————————————— 112

PART 5 방제용 드론의 종류

1. 국외 —————————————————————————— 120
2. 우리나라 ————————————————————————— 123

PART 6   무인항공 방제 작업

1. 방제(살포) 준비 QR ———————————————— 134
2. 작업자의 구성과 역할 QR ———————————— 145
3. 살포비행 ———————————————————————— 149
4. 약제 희석 ———————————————————————— 162
5. 방제 노즐의 선택과 위치 QR ———————— 173
6. 방제 시 응급조치 요령 ——————————————— 184
7. 비산 ————————————————————————————— 194
8. 방제 차량준비 ——————————————————————— 200
9. 방제비용의 산출 방법 ——————————————— 204

PART 7   형태(유형)별 항공방제작업

1. 수도작 ———————————————————————————— 208
2. 원예 —————————————————————————————— 215
3. 과수 —————————————————————————————— 223
4. 잔디 —————————————————————————————— 224
5. 산림 —————————————————————————————— 225
6. 대표적인 병, 해충 ———————————————————— 227

PART 8   방제드론 구매 시 착안사용

1. 자가 방제용과 방제 사업용 ———————————— 232
2. Copter 형태별 장 · 단점 ———————————————— 235
3. A/S의 신속도와 자가 수리 ————————————— 237

PART 9　안전관리 및 사업, 기체등록방법

1. 운용기상 ──────────────────────────── 240
2. 자격증 취득방법과 교육기관 ───────────────── 266
3. 사업자 등록(관할 세무서) ──────────────────── 287
4. 항공사업 등록(한국교통안전공단) ───────────────── 293

PART 10　방제 간 사고사례

1. 방제사고 유형 ────────────────────────── 298
2. 사고사례 ───────────────────────────── 303

I

드론의 개관

1. 드론이란?
2. 드론(멀티콥터)의 비행원리
3. 항공방제에 필요한 항공안전법규

01 / 드론이란?

CHAPTER

1 | 드론의 용어 정립

드론Drone이란 단어의 어원은 열심히 꽃가루를 모으는 일벌과는 달리 게으른 수컷 벌을 의미한다. 드론은 1930년대에 영국과 미국에서 대공포 훈련용으로 개발된 무인항공기(군용표적기)를 타겟 드론target drone으로 명명하면서 드론이라는 용어가 처음 사용되었다. 일반인들에게는 무인기 또는 무인항공기unmanned aerial vehicle, UAV 전체를 의미하는 것으로 통용되고 있다.

네이버 지식백과사전에는 "조종사 없이 무선전파의 유도에 의해서 비행 및 조종이 가능한 비행기나 헬리콥터 모양의 군사용 무인항공기의 총칭이다."라고 정의 하고 있다. 또한, 드론은 무인비행장치Unmanned Aerial Vehicle, UAV, 무인항공기시스템Unmanned Aircraft System, UAS, 원격조종항공기시스템Remotely Piloted Aircraft System, RPAS 등으로도 불린다. 이러한 명칭들은 조종사가 탑승하지 않는다는 공통점을 포함하고 있지만 용어의 쓰임에는 약간의 차이가 존재한다.

🛩 드론(멀티콥터) 방제

미국은 드론을 주로 UASUnmanned Aerial System라고 하고, UN산하 국제민간항공기구 International Civil Aviation Organization, ICAO는 드론을 RPASRemotely Piloted Aircraft System라고 하는 등 통합된 체계System임을 강조하고 있다.

드론은 무인 비행체를 의미하는 시사적 용어로 현재는 무인항공기와 무인비행장치로 구분하며, 일상생활에서 드론의 정식 명칭은 무인비행장치이다. 우리나라 국토교통부 법령인 항공안전법 2조(정의)에는 "초경량비행장치"를 항공기와 경량항공기 외에 공기의 반작용으로 뜰 수 있는 장치로서 자체중량, 좌석 수 등을 고려하여, 국토교통부령으로 정하는 기준에 해당하는 동력비행장치, 행글라이더, 패러글라이더, 기구류 및 무인비행장치 등으로 정의하고 있다.

또한, 국토교통부 항공안전법 시행규칙 제5조(초경량비행장치의 기준)에는 무인비행장치를 연료의 중량을 제외한 자체중량이 150킬로그램 이하인 무인비행기, 무인헬리콥터 또는 무인멀티콥터로 정의하고 있다. 고정익 무인비행장치는 무인비행기라고 하고, 회전날개가 2개 이하인 것은 무인헬리콥터, 3개 이상의 것은 무인멀티콥터라고 한다. 일반인들이 칭하는 드론의 대다수는 무인멀티콥터를 말한다.

우리나라에서 드론조종자는 무인멀티콥터 조종자 증명을 받은 사람을 말하며, 자격증의 정확한 명칭은 『초경량 무인회전익 동력비행장치(멀티콥터)』 줄여서 『초경량비행장치(멀티콥터)』 이다.

02 드론(멀티콥터)의 비행원리

CHAPTER

1 | 회전익기에 작용하는 기초적인 원리

1. 제자리비행과 제자리비행 시 나타나는 현상

1) 제자리비행이란?

Hover라는 영어단어는 "맴돌다, 곤충, 새, 특히 매 종류가 공중에 떠 있는"이라고 명시되어 있다. 이러한 의미에서 Hovering, 즉 제자리 비행은 공중의 한 지점에서 전후좌우 편류없이 일정한 고도와 방향을 유지하면서 가만히 머무르는 비행을 말한다. 이러한 제자리 비행은 헬리콥터 및 회전익의 특성이자 가장 큰 장점이라고 할 수 있다. 회전익은 고정된 날개가 없어 날개가 형성하는 회전면에 의해 양력이 발생하고 회전면에 경사를 주어 추진력도 얻을 수 있다.

2) 지면효과

지면효과란 지면에 근접하여 운용 시 로터 하강풍이 지면과의 충돌로 양력 발생효율이 증대되는 현상을 말한다. 멀티콥터의 착륙조종 중 지면에 근접하여 운용 시 조종자가 원활하게 착륙 시키지 못하고 어려움을 겪는 것을 흔히 볼 수 있다. 즉 쓰로틀을 조금 내렸는데도 충격착륙이 되거나, 내리지 않거나 조금만 위로 올리면 다시 이륙이 되는 현상 등이 바로 지면효과를 받아서 나타나는 현상이다. 즉 지면효과는 양력발생효율이 증대되어 힘이 더 많이 발생되었다는 것을 의미한다. 그럼 지면효과는 어느 정도의 고도에서 발생하는가? 답은 회전면 전체 크기(Quad-Copter는 4개 전체크기)를 1로 볼 때 1의 길이로부터 시작되어 1/2부터는 지면효과가 현격하게 나타나다가 지면에 근접하면 할수록 더 증가되어 나타난다. 지면효과는 아스팔트나 운동장처럼 평평한 곳은 더 효율이 증대되고 잔디 등 풀이 있거나 수면상공 등에서는 흡수가 되어 감소된다.

2. 토크현상(작용)

토크의 사전적인 의미는 회전하는 힘이다. 이에 토크작용은 회전하는 힘에 의한 작용이다. 뉴턴의 제3법칙 작용과 반작용 법칙을 적용하여 헬리콥터를 살펴보았을 때, 메인 로터는 시계 반대방향으로 회전한다. 이에 대한 반작용으로 헬리콥터 동체는 시계방향으로 회전하려는 성질이 있는데 이를 토크작용이라고 한다.

아래의 그림에서 보는 바와 같이 메인 로터가 시계 반대방향으로 회전할 때 동체는 토크작용에 의해 메인로터 회전방향과 반대방향인 시계방향으로 회전하려고 한다. 조종사는 이러한 토크작용을 상쇄하기 위해 제자리 비행 시 좌측 페달압을 적용하여 동체가 시계방향으로 회전하려는 힘을 막고 있는 것이다.

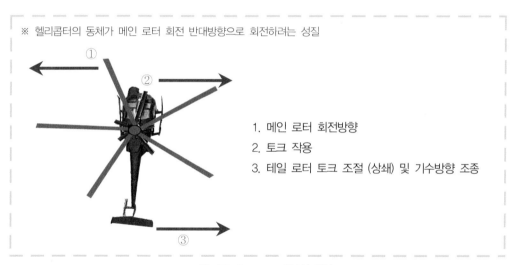

1. 메인 로터 회전방향
2. 토크 작용
3. 테일 로터 토크 조절 (상쇄) 및 기수방향 조종

🦋 헬리콥터 Torque현상(작용)

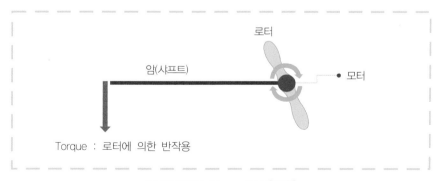

🦋 멀티콥터 Torque현상(작용)

2 | 멀티콥터의 구조적인 비행원리

1. 개요

멀티콥터의 양력발생원리는 기본적으로 헬리콥터와 같아서 로터(회전체)가 발생하는 양력에 의한다. 헬리콥터는 로터가 1개 또는 2개 이지만 멀티콥터는 4, 6, 8개로 비행 안정성이나 조종성에 큰 차이를 가져온다.

헬리콥터Single Rotor의 경우 주 로터가 회전하면 그 반작용으로 **기체와 로터가 반대방 향으로 회전하려고 하는 힘**Torque이 발생한다. 이를 상쇄시키기 위해 꼬리부분에 날개를 장착하여 역방향으로 힘을 가해 기체의 회전을 막아 준다.(아래그림 참조) 헬리콥터는 주 로터가 오른 쪽으로 회전하면 토크는 왼쪽으로 작용하고, 주 로터가 왼쪽으로 회전 하면 토크는 오른쪽으로 작용한다.

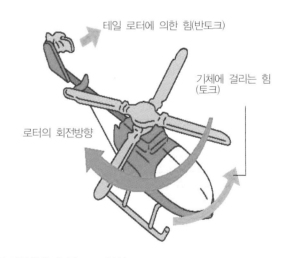

● 헬리콥터의 원리
메인 로터로 양력을 얻고 테일 로터로 토크를 상쇄함 으로써 기수(機首) 방향을 유지한다. 이것을 반토크라 고 한다.

🦌 헬리콥터의 양력발생원리 반토크 현상

2. 멀티콥터의 구조적 비행원리

멀티콥터는 헬리콥터와는 달리 인접한 로터를 역방향으로 회전시킴으로써 토크를 상 쇄시켜준다. 따라서 꼬리날개(테일 로터)는 필요하지 않고 모든 로터가 수평상태에서 회 전해 양력을 얻는다.

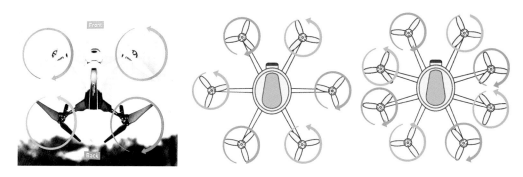

🛩 멀티콥터의 구조적 형태(Quad, Hexa, Octo-Copter)

멀티콥터의 구조적인 비행원리를 세부적으로 알아보자. 멀티콥터도 헬리콥터와 같이 '작용과 반작용의 원리'에서 시작한다. 아래 [그림 1]처럼 축에 고정된 모터가 시계방향으로 로터를 회전시킬 경우 이 모터 축에는 반시계방향의 반작용이 작용한다. 이 반작용은 모터를 고정하고 있는 암에 전달되어 모터를 중심으로 반시계방향으로 힘이 발생하게 된다.

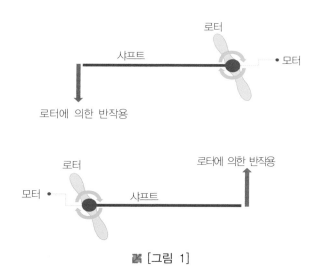

🛩 [그림 1]

다음 [그림 2]처럼 암의 양 끝에 모터와 로터를 장착하고 두 모터와 로터를 똑같이 시계방향으로 회전시킨다. 로터 회전에 따른 반작용이 모터 축에 작용하고, 이 반작용에 의한 힘은 두 암이 만나는 중앙에서 서로 반대방향으로 작용하는 힘으로 만나게 되어 서로 상쇄된다. 반대방향으로 회전시키면 역시 같은 원리로 두 반작용에 의한 힘은 암의 가운데에서 만나 상쇄된다.

[그림 2]의 반대방향으로 상쇄되는 모터와 로터 쌍들을 X자 모양으로 교차시켜서 이어 놓으면, X자 중심에서 역시 반작용들이 상쇄된다. 즉, 로터들이 양력을 발생시켜도, 동체 전체는 반작용이 없이 안정되게 양력만을 발생시킬 수 있다. 전체 동력을 로터가 동일한 속도를 갖게 하면서 증가시키면 상승하게 되고, 줄이면 하강하게 된다.

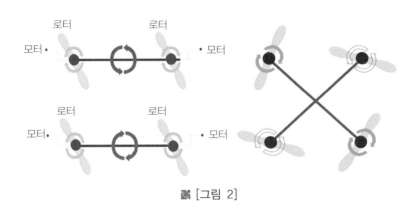

🦋 [그림 2]

3. 멀티콥터의 전, 후, 좌/우 이동 및 선회의 원리

멀티콥터의 전, 후, 좌, 우 이동과 회전의 비행원리에 대하여 알아보자. 멀티콥터도 헬리콥터와 마찬가지로 회전면의 경사 기울기에 의하여 기울어지는 방향으로 비행 된다. 그러나 기울어지는 방법의 차이가 다르다. 멀티콥터 회전면의 경사는 앞, 뒤, 좌, 우 모터의 회전수를 상대적으로 빠르게 또는 느리게 회전하게 하여 회전면의 경사를 이루게 한다.(이는 상대적인 것이다.)

회전속도가 빠른 후방이 올라가고 속도가 낮은 전방이 내려감으로써 기체가 앞으로 기울어지면서 앞으로 나아간다. 전후 회전수를 반대로 하면 후방으로 나아간다.

🦋 멀티콥터 전, 후진(피치) 이동의 원리

먼저, 전진비행은 앞의 모터보다 뒤쪽의 모터 회전수를 빠르게 하여 회전면이 앞으로 기울도록 조정하면 전진이 되고 후진비행은 반대이다.

좌, 우 이동의 원리도 전, 후진 원리와 같이 좌측으로 이동 시 좌측 두 개의 모터 회전수를 느리게 하고 우측 두 개의 모터 회전수를 빠르게 하여 회전면이 좌측 또는 우측으로 경사지게하면 이동이 된다.

회전속도가 빠른 좌측이 올라가고 속도가 낮은 우측이 내려감으로써 기체가 옆으로 기울어진 상태에서 기체는 평행하게 우측으로 이동한다. 반대도 마찬가지이다.

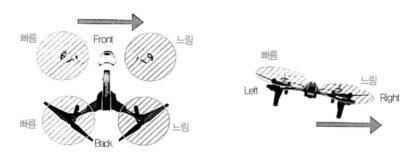

🎬 좌, 우측 이동(롤)의 원리

좌, 우측 선회의 원리로 먼저 좌측 선회를 알아보면 오른쪽으로 회전하는 모터의 회전속도가 왼쪽으로 회전하는 모터보다 빠르면 기체 전체가 좌측으로 회전하게 된다. 이것이 좌측으로 선회하는 원리이며 우측으로의 선회원리는 반대이다.

오른쪽으로 도는 로터의 회전속도가 왼쪽으로 도는 로터보다 빠르면 기체 전체가 좌측으로 돌아간다. 반대로 좌회전이 우회전보다 빠르면 우측으로 돌아간다.

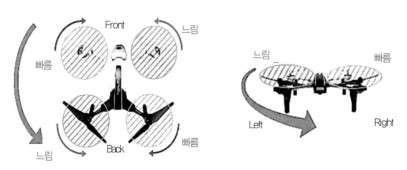

🎬 좌측선회(요우)의 원리

4. 멀티콥터와 헬리콥터의 양력 발생원리 차이

헬리콥터와 드론의 양력발생원리의 차이를 알아보자. 먼저 헬리콥터는 운용 RPM(분당회전수) 속에서 날개(브레이드)의 Pitch각을 조정하여 양력을 발생시키는데, 되며 이를 변동 Pitch라 한다. 멀티콥터는 고정된 날개의 Pitch각에 모터의 회전수에 따른 양력발생 크기를 조절하는데, 이를 고정 Pitch라고 한다. 따라서 헬리콥터와 멀티콥터의 양력발생원리는 변동 Pitch와 고정 Pitch의 차이라고 할 수 있다.

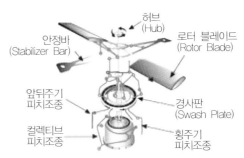

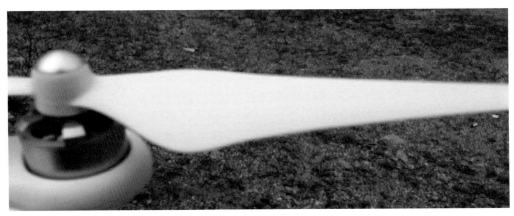

03 항공방제에 필요한 항공안전법규

CHAPTER

1 개요

본 절에서는 법규 중 항공방제에 필요한 항공안전법, 항공안전법 시행령, 항공안전법 시행 규칙, 항공사업법, 항공사업법 시행규칙 등 관련 법규를 발췌하여 기술하였다. 먼저 아래의 드론 안전비행 절차도를 이해하면 관련법규의 이해가 한층 쉽다. 또한 항공방제에 사용되는 무인 헬리콥터나 무인멀티콥터를 우리나라 법규에서는 초경량 무인비행장치로 분류하고 있다.(21. 1월 이후 신고, 자격제도가 대폭 개선되었다.)

드론 비행절차도

드론 안전 비행 절차

구분	완구용 모형비행장치	④종 무인비행장치 (250g초과~2kg)	③종 무인비행장치 (2kg초과~7kg)	②종 무인비행장치 (7kg초과~25kg)	①종 무인비행장치 (25kg초과)	비고
장치 신고	사업 : 신고 비사업 : X	사업 : 신고 비사업 : X	소유자 신고	소유자 신고	소유자 신고	한국교통안전공단 (드론관리처)
사업 등록	사업 시 사업등록	사업 시 사업등록	사업 시 사업등록	사업 시 사업등록	사업 시 사업등록	한국교통안전공단 (드론관리처)
안전성 인증	X	X	X	X	안전성 인증	항공안전 기술원
조종자격 증명	X	온라인 교육 (한국교통안전공단 주관)	필기 + 비행경력(6시간)	필가+비행경력(10시간) +실기시험	필기+비행경력(20시간) +실기시험	한국교통 안전공단
비행 승인	비행금지구역, 관제권에서 비행하거나 그 밖의 고도 150m이상의 고도에서 비행 시 만 승인				초경량비행장치 전용구역(32개)을 비행시 승인 불필요(기타 승인)	한국교통안전공단 (드론관리처) 국방부
항공 촬영	항공촬영을 하려는 경우 국방부의 별도 허가 필요					국방부
조종자 준수사항	조종자 준수사항에 따라서 비행					

※ 상기 기준은 자체중량 150kg 이하인 무인동력비행장치에 적용
※ 비행제한구역 및 비행금지구역, 관제권, 고도 150m이상에서 비행시는 무게와 상관없이 비행승인
   최대이륙중량 25kg 초과 기체는 상시 승인 필요(단, 초경량비행장치 비행공역에서는 승인없이 가능)
※ 비행금지구역이더라도 초, 중, 고학교 운동장에서는 지도자의 감독아래 교육목적의 고도 20m이내 비행은 가능함.(7kg이하)
※ 조종자격증명 응시 연령 : ④종 무인비행장치는 만 10세 이상, ③~①종은 만 14세 이상

우리나라의 초경량비행장치는 무게기준으로 법령이 제정되어 있다. 이중 무인동력비행장치(비행기, 헬리콥터, 멀티콥터)는 드론안전비행절차 도표와 같이 구분되고, 신고 범위, 조종자격 취득 등 그 적용방법이 구분되어 있다.

2 | 신고 및 관리

1. 신고(항공안전법 제122, 123조, 항공안전법 시행규칙 제301, 302조)

초경량비행장치를 소유하거나 사용할 권리가 있는 자가 소유자 및 비행장치 정보 등을 사전에 신고하는 제도(*항공안전법 제122, 123조)를 말한다.

대상은 최대이륙중량이 2kg을 초과하는 무인동력비행장치(무인 비행기, 무인 헬리콥터, 무인 멀티콥터)이다.

신고의 종류의 종류는 신규신고 변경신고, 이전신고, 말소신고로 나누며 세부 내용은 다음과 같다.

첫째 신규신고는 초경량비행장치를 소유하거나 사용할 권리가 있는 자가 최초로 행하는 신고이다.

둘째, 변경신고는 비행장치의 용도, 소유자 등의 성명이나 명칭 또는 주소, 보관 장소 등이 변경된 경우 행하는 신고이다.

셋째, 이전신고는 비행장치의 소유권이 이전된 경우 행하는 신고이다.

넷째. 말소신고는 비행장치의 멸실 또는 해체(정비 등, 수송 또는 보관하기 위한 해체는 제외)등의 사유가 발생한 경우 행하는 신고를 말한다.

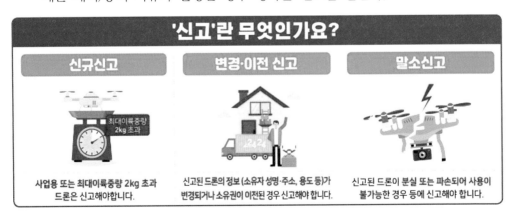

'신고'란 무엇인가요?

신규신고	변경·이전 신고	말소신고
사업용 또는 최대이륙중량 2kg 초과 드론은 신고해야합니다.	신고된 드론의 정보(소유자 성명·주소, 용도 등)가 변경되거나 소유권이 이전된 경우 신고해야 합니다.	신고된 드론이 분실 또는 파손되어 사용이 불가능한 경우 등에 신고해야 합니다.

2. 신고 시 제출서류 및 신고 시기

신고 시 제출서류와 신고 시기는 아래의 표와 같다.

구분	제출서류	신고 시기
신규신고	- 초경량비행장치 신고서 - 초경량비행장치를 소유하거나 사용할 수 있는 권리가 있음을 증명하는 서류 - 초경량비행장치의 제원 및 성능표 - 초경량비행장치의 사진 (가로 15cm, 세로 10cm의 측면사진) - 제작번호 사진촬영	신규신고 사유가 있는 날부터 30일 이내 * 안전성 인증 대상은 안전성 인증을 받기 전 신고(최대이륙중량 25kg 초과 무인동력비행장치)
변경 및 이전신고	- 초경량비행장치 변경, 이전 신고서 * 변경 및 이전 사유를 증명할 수 있는 서류 첨부	변경, 이전 사유가 발생한 날부터 30일 이내
말소신고	- 초경량비행장치 말소 신고서	말소 사유가 발생한 날부터 15일 이내

※ 신규 신고 시 초경량비행장치 제원 및 성능표 작성 방법은 다음과 같다.

주요제원	최고속도		엔진형식	
	순항속도		자체중량	
	실속속도		최대이륙중량	
	길이×폭×높이		연료중량	
	탑승인원		카메라 등 탑재여부	

* 최고속도 : 해당장치의 최고 속도를 기재

* 순항속도 : 연속적인 정상비행을 계속할 때 사용되는 속도

* 실속속도 : 실속(급격히 양력을 상실하여 비행을 유지 못하는 현상)이 발생할 수 있는 속도

* 탑승인원 : 해당장치의 탑승인원을 기재 *엔진형식 : 해당기체에 사용된 엔진형식 기재

* 자체중량, 최대이륙중량 : 해당 기체의 자체중량 및 최대이륙중량을 기재

* 연료중량 : 해당제원이 있는 경우 기재 *카메라 등 탑재여부 : 해당사항이 있는 경우 기재

※ 자체중량, 최대이륙중량, 길이×폭×높이는 가급적 작성하며, 제원표상에 이를 확인하지 못할 경우 보완요구 될 수 있음

※ 제작사에서 제공하는 제원표에 해당 제원이 없는 경우, 해당내용 미기재

3. 장소 : 한국교통안전공단(드론 관리처, 054-459-7942~48)

4. 방법 : 드론 원스탑 민원 포털 서비스 이용(https://drone.onestop.go.kr)

민원 시스템 안내   민원신청   정보마당   회원서비스

드론 원스탑 **민원 포털 서비스**

비행장치 신고서 등록   사업등록 신고서 등록   비행승인 신청서 등록   항공사진 촬영 신청서 등록   특별비행 승인

이용약관 | 개인정보처리방침 | 이용불편문의 032-740-2217 (평일 9~18시)   자기장지수(현재):3kp 24시간 최대 :5kp   울산공항 온도: 20.3°C 풍향: 북 (350) 습도: 95% 풍속: 1.9m/s

5. 조치/관리

① 신고번호 발급 : 국토교통부장관은 초경량비행장치의 신고를 받은 경우 그 초경량비행장치소유자등에게 신고번호를 발급하여야 한다.(멀티콥터는 한국교통안전공단 이사장)

② 한국교통안전공단 이사장(드론관리처)은 초경량비행장치의 신고를 받으면 초경량비행장치 신고증명서를 초경량비행장치소유자등에게 발급하여야 하며, 초경량비행장치소유자등은 비행 시 이를 휴대하여야 한다.

③ 초경량비행장치소유자등은 초경량비행장치 신고증명서의 신고번호를 해당 장치에 표시하여야 하며, 표시방법, 표시장소 및 크기 등 필요한 사항은 한국교통안전공단(드론관리처) 이사장이 정한다.

④ 신고번호 표기 : 소유자는 신고번호가 잘 보일 수 있도록 드론 기체에 적정한 방법으로 표기하여야 한다.

🚁 신고번호 표기된 드론

* 신고번호의 각 문자 및 숫자의 크기

구 분		규 격	비 고
가로세로비		2:3의 비율	아라비아 숫자 1은 제외
세로 길이	주 날개에 표시하는 경우	20cm 이상	
	동체 또는 수직꼬리날개에 표시하는 경우	15cm 이상	회전익비행장치의 동체 아랫면에 표시하는 경우에는 20cm이상
선의 굵기		세로길이의 1/6	
간 격		가로길이의 1/4이상 1/2이하	

* 장치의 형태 및 크기로 인해 신고번호 크기를 규격대로 표시할 수 없을 경우 가장 크게 부착할 수 있는 부위에 최대크기로 표시할 수 있다.

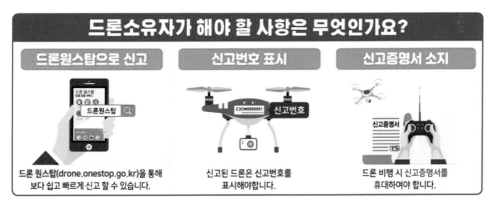

6. 신고를 필요로 하지 아니하는 초경량비행장치(항공안전법 시행령 제24조)

초경량비행장치 중 무인동력비행장치는 연료의 무게를 제외한 자체무게(배터리 무게를 포함한다)가 2kg 이하인 것은 신고하지 않는다.

3 | 안전성 인증(항공안전법 제124조)

1. 개요

국토교통부령으로 정하는 초경량비행장치를 사용하여 비행하려는 사람은 국토교통부령으로 정하는 기관 또는 단체의 장으로부터 그가 정한 안전성인증의 유효기간 및 절차·방법 등에 따라 그 초경량비행장치가 국토교통부장관이 정하여 고시하는 비행안전을 위한 기술상의 기준에 적합하다는 안전성인증을 받지 아니하고 비행하여서는 아니 된다.(항공안전법 제124조)

2. 중량기준 대상

최대 이륙중량 25kg 초과하는 ①종 무인비행장치는 항공안전기술원 드론안전본부 경량인증팀(032) 727-5891)으로부터 안전성 인증검사를 받고 비행해야 한다.

  * 무인비행기, 무인헬리콥터 또는 무인멀티콥터 중에서 최대이륙중량이 25kg을 초과하는 것(연료제외 자체중량 150kg 이하)

3. 안전기준

초경량비행장치를 사용하여 비행하려는 자는 비행안전을 위한 기술상의 기준에 적합해야 한다.

4. 인증의 종류

① 초도인증: 국내에서 설계·제작하거나 외국에서 국내로 도입한 초경량비행장치의 안전성인증을 받기 위하여 최초로 실시하는 인증

② 정기인증: 안전성인증의 유효기간 만료일이 도래되어 새로운 안전성인증을 받기 위하여 실시하는 인증

③ 수시인증 : 초경량비행장치의 비행안전에 영향을 미치는 대수리 또는 대개조 후 기술기준에 적합한지를 확인하기 위하여 실시하는 인증

④ 재인증 : 초도, 정기 또는 수시인증에서 기술기준에 부적합한 사항에 대하여 정비한 후 다시 실시하는 인증

5. 인증 시 제출서류(구비서류)와 세부적인 내용은 항공안전기술원 홈페이지 초경량비행장치 안정성 인증 베너를 참고바랍니다.

6. **벌칙**(항공안전법 제166조(과태료))

항공안전법 124조를 위반하여 초경량 비행장치의 비행안전을 위한 기술상의 기준에 적합하다는 안전성 인증을 받지 아니하고 비행한 사람은 500만원 이하의 과태료를 부과한다.

4 | 조종자 증명(항공안전법 제125조, 항공안전법 시행규칙 제306조)

1. 자격증명

1) 개요

국토교통부령으로 정하는 초경량비행장치를 사용하여 비행하려는 사람은 국토교통부령으로 정하는 기관 또는 단체의 장으로부터 그가 정한 해당 초경량비행장치별 자격기준 및 시험의 절차·방법에 따라 해당 초경량비행장치의 조종을 위하여 발급하는 증명(이하 "초경량비행장치 조종자 증명"이라 한다)을 받아야 한다. 다만, 무인비행장치 중 무인비행기, 무인헬리콥터 또는 무인멀티콥터 중에서 연료의 중량을 포함한 최대이륙중량이 250그램 이하인 것은 제외한다.

2) 조종 자격증명의 종류, 기준 및 업무의 범위는 다음과 같다.
가) 기준

종별	기준	비고
1종	25kg 초과 자체중량 150kg 이하	* 무게기준은 최대이륙중량 * 사업용 또는 비사업용 모두 해당
2종	7kg 초과 25kg 이하	
3종	2kg 초과 7kg 이하	
4종	250g 초과 2kg 이하	

나) 조종 증명의 업무 범위

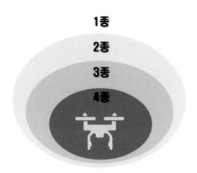

1종 무인동력비행장치	해당 종류의 1종 기체를 조종하는 행위(2종 업무범위 포함)
2종 무인동력비행장치	해당 종류의 2종 기체를 조종하는 행위(3종 업무범위 포함)
3종 무인동력비행장치	해당 종류의 3종 기체를 조종하는 행위(4종 업무범위 포함
4종 무인동력비행장치	해당 종류의 4종 기체를 조종하는 행위

※ 1종 자격증명 취득 시 1,2,3,4종의 모든 무인비행장치를 조종할 수 있다.

다) 조종 자격증명 취득의 경력 및 시험 기준

구분	온라인 교육	비행 경력	학과 시험	실기 평가
1종	X	1종 기체를 조종한 시간 20시간(2종 자격 취득자 5시간, 3종 자격 취득자 3시간 이내에서 인정)	○ (과목, 범위, 난이도 동일)	○
2종		1종 또는 2종 기체를 조종한 시간 10시간 (3종 자격 취득자 3시간 이내에서 인정)		○
3종		1종 또는 2종 또는 3종 기체를 조종한 시간 6시간		X
4종	○	X	X	X

3) 응시자격

나이는 1~3종은 만 14세 이상, 4종은 만 10세 이상이며(지도조종자는 만 18세 이상), 2종 보통운전면허 또는 이를 갈음할 수 있는 신체검사 증명 소지자(운전면허 정기적성검사 신청서도 가능)로서 해당 비행장치의 비행경력이 1종 20시간, 2종 10시간, 3종 6시간 이상인자

4) 자격 취득절차

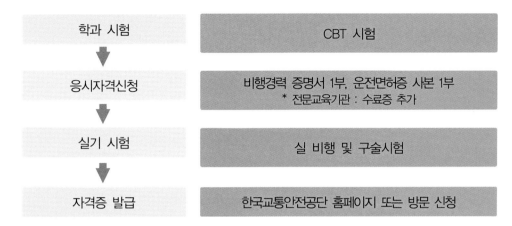

학과 시험	CBT 시험
응시자격신청	비행경력 증명서 1부, 운전면허증 사본 1부 * 전문교육기관 : 수료증 추가
실기 시험	실 비행 및 구술시험
자격증 발급	한국교통안전공단 홈페이지 또는 방문 신청

※ 온라인 교육은 항공교육훈련포털 온라인 강의실에서 이수하면 이수증명서가 발급되고 비행 시 휴대하면 된다.(이수 시 자체 온라인 필기시험에서 70%이상 되어야 이수 증명됨)

5) 시험방법 : 전문교육기관의 경우 학과 시험은 전문교육기관에 위임

구분	학과 시험	실기 시험
평가과목	통합 1과목 * 항공법규, 항공기상, 비행운용 및 이론	
평가시간	50분	평균 45분
시험장소	서울, 대전, 광주, 부산, 화성, 춘천, 대구, 전주, 제주 등	교육기관 담당자와 협의
합격기준	70%이상 득점	구술 및 실비행 전항목 만족(S)
접수방법	교통안전공단 홈페이지를 통해 접수(시험일정은 공단 홈페이지에 공고) ①홈페이지(www.kotsa.or.kr) → ②자주찾는메뉴-철도항공-항공/초경량자격시험- ③자격시험접수/응시자격신청, 부여/원수접수, 시험장소 안내 등	
연락처	교통안전공단 드론자격연구센터 031)645-2103, 2104	

2. 조종자격 응시기준

1) 무인동력비행장치(멀티콥터) 자격증명 응시기준

① 연령기준 : 1, 2, 3종은 만 14세 이상, 4종은 만 10세 이상인 사람

② 실기시험 : 다음의 어느 하나에 해당하는 사람

구분	비행경력
1종	1종 기체를 조종한 시간 20시간(2종 자격 취득자 5시간, 3종 자격 취득자 3시간 이내에서 인정)
2종	1종 또는 2종 기체를 조종한 시간 10시간(3종 자격 취득자 3시간 이내에서 인정)
3종	1종 또는 2종 또는 3종 기체를 조종한 시간 6시간 ※ 3종은 실기시험 없이 비행경력증명서를 발급받아 관련서류와 함께 한국교통안전공단에 응시자격신청을 하면 심의후 자격증이 발급됨.

2) 무인동력비행장치(멀티콥터) 지도 조종자 자격기준

① 1종 무인동력비행장치(무인멀티콥터)를 조종한 시간이 총 100시간 이상인 사람

3) 무인동력비행장치(멀티콥터) 실기평가지도 조종자 자격기준

① 1종 무인동력비행장치(무인멀티콥터)를 조종한 시간이 총 150시간 이상인 사람

3. 무인동력비행장치(멀티콥터)의 전문교육기관 훈련기준

1) 무인동력비행장치(멀티콥터)의 종별 학과, 모의비행, 실기교육 시간은 다음과 같다.

구분	학과교육	모의비행	실기교육		
			계	교관동반	단독
1종	20시간 항공법규 2H 항공기상 2H 항공역학 5H 비행운용 11H	20H	20H	8H	12H
2종		10H	10H	4H	6H
3종		6H	6H	2H	4H

※ 사설 교육기관(사용사업체)의 경우 학과 시험을 반드시 응시하여야 함.

라. 각 교육기관에서의 조종 자격별 실기훈련범위

1종	2종	3종
1. 기체에 관련한 사항 2. 조종자에 관련한 사항 3. 공역 및 비행장에 관련한 사항 4. 일반지식 및 비상절차 5. 이륙 중 엔진고장 및 이륙포기 6. 비행 전 점검 7. 기체의 시동 8. 이륙 전 점검 9. 이륙비행 10. 공중 정지비행(호버링) 11. 직진 및 후진 수평비행 12. 삼각비행 13. 원주비행(러더턴) 14. 비상조작 15. 정상접근 및 착륙(자세모드) 16. 측풍접근 및 착륙 17. 비행 후 점검 18. 비행기록 19. 안전거리유지 20. 계획성 21. 판단력 22. 규칙의 준수 23. 조작의 원활성	1. 기체에 관련한 사항 2. 조종자에 관련한 사항 3. 공역 및 비행장에 관련한 사항 4. 일반지식 및 비상절차 5. 이륙 중 엔진고장 및 이륙포기 6. 비행 전 점검 7. 기체의 시동 8. 이륙 전 점검 9. 이륙비행 10. 직진 및 후진 수평비행 11. 삼각비행 12. 마름모비행 13. 측풍접근 및 착륙 14. 비행 후 점검 15. 비행기록 16. 안전거리유지 17. 계획성 18. 판단력 19. 규칙의 준수 20. 조작의 원활성 * 1종 대비 공중정지비행, 비상 　조작, 정상접근 및 착륙: 없음.	* 교육원 별 　자유 비행 　(정해진 　비행방법 　없음)

5 | 공역

1. 공역의 개념

항행지원이 이루어지도록 설정한 공간으로서 영공과는 다른 항공교통업무를 지원하기 위한 책임공역이다.

2. 공역의 종류

1) 관제공역

① **관제권** : 비행장 또는 공항과 그 주변의 공역으로서 항공교통의 안전을 위하여 국토교통부장관이 지정·공고한 공역으로 우리나라에는 31개 지역의 관제권이 있다. 거리기준은 비행장 중심 5NM(9.3km)거리이며 육군 관제권(비행장교통구역)의 경우 통상 비행장 반경 3NM(약 5.6km)이다.

② **관제구** : 지표면 또는 수면으로부터 200미터 이상 높이의 공역으로서 항공교통의 안전을 위하여 국토교통부장관이 지정·공고한 공역

2) 비관제공역

① **조언구역** : 항공교통조언업무가 제공되도록 지정된 비관제공역

② **정보구역** : 비행정보업무가 제공되도록 지정된 비관제공역

3) 통제공역

① **비행금지구역** : 안전, 국방상 그 밖의 이유로 항공기의 비행을 금지하는 공역

▶ P-73A/B : 서울 강북지역(청와대 기준으로 A구역 : 2NM, B구역 : 4.5NM)

▶ P-518 : 휴전선 지역(경기, 강원 북부지역에 구역으로 설정되어 있음)

▶ P-61(고리), P-62(월성), P-63(영광), P-64(울진), P-65(대전) : 원자력발전소 및 연구소 / 각 구역 내 A구역은 2NM(약 3.7km), B구역은 10NM(18.6km)이다. 다만 P-65(대전)의 A구역은 1NM(1.85km)이다.

② **비행제한구역** : 항공사격, 대공사격 등으로 인한 위험으로부터 항공기의 안전을 보호하거나 그 밖의 이유로 비행허가를 받지 아니한 항공기의 비행을 제한하는 공역으로 우리나라에 많은 곳에 설정되어 있다. 다만 특이한 지역은 R-75(수도권 인구밀집구역)이 설정되어 있다.

③ **초경량비행장치 비행제한구역** : 초경량 비행장치의 비행안전을 확보하기 위하여 초경량 비행장치의 비행활동에 대한 제한이 필요한 공역.(우리나라 전 지역)

4) 주의공역

① **훈련구역** : 민간항공기의 훈련공역으로서 계기비행항공기로부터 분리를 유지할 필요가 있는 공역

② **군 작전구역** : 군사작전을 위하여 설정된 공역으로서 계기비행항공기로부터 분리를 유지할 필요가 있는 공역

③ **위험구역** : 항공기의 비행 시 항공기 또는 지상시설물에 대한 위험이 예상되는 공역

④ **경계구역** : 대규모 조종사의 훈련이나 비정상 형태의 항공활동이 수행되는 공역

3. 우리나라 주요 공역현황

1) 우리나라 금지구역 및 관제권 현황

우리나라의 비행금지구역은 P-73A/B(청와대 인근), P-518(휴전선지역), P-61~P-65(원자력 지역) 등 3개 지역이 있으며, 관제권은 공항 및 비행장 지역으로 31개 지역이 있다.

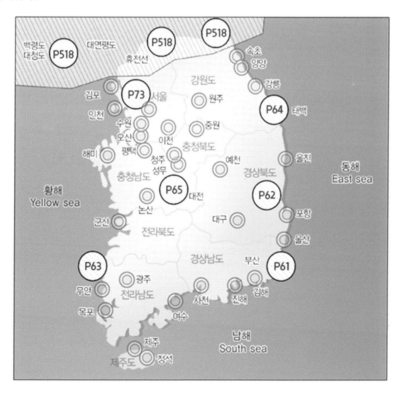

2) 비행금지구역/서울지역 제한공역

① 서울지역(P-73A/B)

▶ A구역은 중심반경 2NM, B구역은 중심반경 4.5NM, 허가없이 침범 시 격추. 비행 시 7일 이전 육군 수도방위사령부에 승인을 받아야 함.

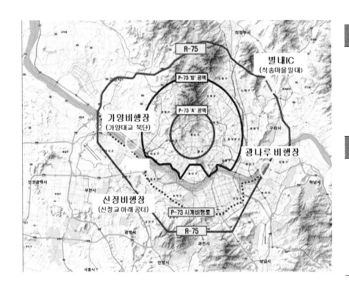

≫ P-73
서울시 중구, 용산구, 성동구, 서대문구, 강북구, 동대문구, 종로구, 성북구

≫ R-75
서울시 강서구, 양천구, 영등포구, 동작구, 관악구, 서초구, 강남구, 송파구(가락동, 송파동, 방이동, 잠실동) 강동구(천호동, 풍남동, 암사동, 성내동)

P-73A/B 비행금지구역 및 R-75비행제한구역

▶ P-73A/B 비행금지구역 및 R-75비행제한구역의 비행 승인절차는 다음과 같다.
 − P-73A/B비행금지공역 및 R-75 비행제한구역 해당(인근) 지역에서 비행하고자 하는 경우에는 사전에 수도방위사령부 해당 부서에 비행승인 대상지역인지를 확인해야 한다.
 − P-73A/B 비행금지공역내의 비행을 위해서는 수도방위사령부(화력과)에 사전에 비행계획 승인을 받아야 한다.
 − R-75 비행제한공역 내 비행을 위해서는 수도방위 사령부(방공작전통제소)에 사전(항공기 2시간 전 및 초경량비행장치/경량항공기 4일 전)에 비행계획 승인을 받아야 한다.

② 휴전선 지역(P-518) : 군사분계선으로부터 아래 다음지점을 연결한 선
3739N   12610E-3743N   12641E-3738N   12653E-3758N12740E-3804N
12831E-3808N 12832E-3812N 12836E

③ **원자력 지역(P-61~P-65)**

▶ 중심으로부터 A지역
: 3.7km(대전 연구소는
1.86km),

▶ B지역 : 18.6km

▶ 고리(P-61),
월성(P-62),
영광(P-63),
울진(P-64),
대전(P-65)

P-518 및 원자력지역 비행금지구역

3) 비행 제한공역

① **공군작전공역**
: 보안상 생략

② **공항지역**
: 군/민간비행장 주변
5NM(9.3km)지역

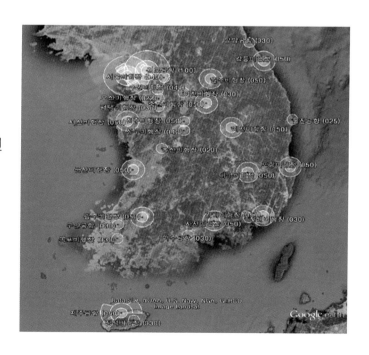

4) 초경량비행장치 공역

현재 우리나라에서는 전국적으로 UA-2(구성산), UA-3(약산), UA-4(봉화산), UA-5(덕두산), UA-6(금산), UA-7(홍산), UA-9(양평), UA-10(고창), UA-14(공주), UA-19(시화), UA-20(성화대), UA-21(방장산), UA-22(고흥), UA-23(담양), UA-24(구좌), UA-25(하동), UA-26(장암산), UA-27(미악산), UA-28(서운산), UA-29(오촌), UA-30(북좌), UA-31(청나), UA-32(퇴천), UA-33(병천천), UA-34(미호천), UA-35(김해), UA-36(밀량), UA-37(창원), UA-38(울주), UA-39(김제), UA-40(고령), UA-41(대전) 등 32개의 초경량비행장치 공역을 지정 운영하고 있다. 아울러 서울지역에 4개소도 동일한 개념으로 운영되고 있다.(가양비행장 : 가양대교 북단, 신정비행장 : 신정교 아래 공터, 광나루 비행장, 별내IC : 식송마을 일대)

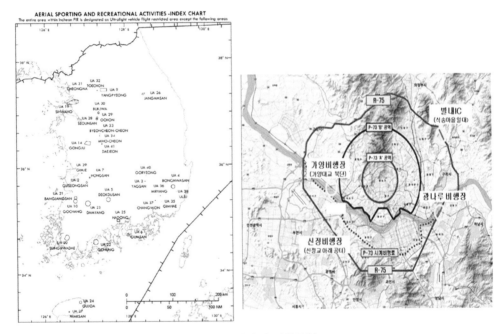

초경량비행장치 전용공역

5) 기타 군 사격장 등 공역

(RK)R-1(용문), (RK)R-10(매봉), (RK)R-14(평동), (RK)R-17(여주), (RK)R-19(조치원), (RK)R-20(보은), (RK)R-21(언양), (RK)R-35(매산리), (RK)R-72(육지도), (RK)R-74, (RK)R-75C, (RK)R-75D, (RK)R-76, (RK)R-77(마차진), (RK)R-79A(고온리), (RK)R-79B(당진), (RK)R-79C, (RK)R-80,(RK)R-81(낙동), (RK)R-84, (RK)R-88,(RK)R-89(오천), (RK)R-90A, (RK)R-90B, (RK)R-97A, (RK)R-97B, (RK)R-97C, (RK)R-97D, (RK)R-99(거제도), (RK)R-100(남형제도), (RK)R-104(미여도), (RK)R-105(직도), (RK)R-107, (RK)R-108A, B, C, D, E, F(안흥), (RK)R-110(필승), (RK)R-111(웅천), (RK)R-114(비승), (RK)R-115(동해), (RK)R-116(대청도), (RK)R-117(자은도), (RK)R-118(제주), (RK)R-119(울산), (RK)R-120(동해), (RK)R-121(속초), (RK)R-122(천덕봉), (RK)R-123(어청도), (RK)R-124(덕적도), (RK)R-125(흑산도), (RK)R-126(추자도), (RK)R-127(벌교), (RK)R-128(서귀포), (RK)R-129(수련산), (RK)R-131(백령), (RK)R-132(동 대청도), (RK)R-133(초칠도), (RK)D-1 5개 지역, (RK)D-3, 4, 5, 6, 9, 10, 11, 12 지역

6 | 비행

1. 초경량비행장치의 비행승인 정리(항공안전법 제127조, 항공안전법 시행규칙 제308조)

1) 이륙중량 25kg초과의 무인비행장치는 초경량비행장치 전용공역(UA)을 제외한 전 공역에서 사전 비행승인 후 비행이 가능하다.(* 25kg이하 기체는 일반 공역에서 비행승인 불필요)

2) 이륙중량 25kg이하의 무인비행장치는 금지구역, 제한구역, 관제권이 아닌 지역으로서 고도 150m이하에서는 승인없이 비행이 가능하다.

3) 무게에 관계없이 비행금지구역 및 관제권에서는 사전 비행승인 없이 비행이 불가하다.

4) 초경량비행장치 전용공역(UA)에서는 비행승인 없이 비행이 가능하다.

5) 초경량비행장치 종류, 상황별 비행승인 대상은 다음과 같다.
① 사업에 사용되는 행글라이더, 패러글라이더, 계류식 무인비행장치, 낙하산류
② 고도 150m이상으로 비행하는 경우
③ 관제권 및 비행금지구역 내에서 비행하는 경우
④ 최대 이륙중량 25kg 초과하는 경우의 무인동력비행장치(드론)
⑤ 자체중량(연료제외) 12kg 초과 길이 7m 초과하는 비행선

비행승인 법규	구분	촬영허가 (국방부)	비행허가 (군)	비행승인 (국토부)
− 최대 이륙중량 25kg초과 기체 　: 전 공역에서 사전 승인 필요 　→ 3일전까지 지방항공청 신고 − 최대 이륙중량 25kg이하 기체 　: 고도 150m이상, 비행금지구역 　및 관제권에서 사전승인 필요 − 초경량비행장치 전용공역(UA) 　→ 비행승인없이 비행가능 − 공역이 2개 이상 겹칠 경우 　→ 각 기관 허가사항 모두 적용 − 고도 150m이상 비행 경우 　→ 공역에 관계없이 사전승인 − 가축 전염병 예방, 확산방지를 위한 소독 방역업무등에 긴급하게 사용하는 경우 불필요	비행금지구역	○	○	○
	비행제한구역	○	○	×
	민간관제권 (반경 9.3km)	○	×	○
	군 관제권 (반경 9.3km)	○	○	×
	그 밖의 지역 (고도 150m이하)	○	×	×
	※ 비행허가 주요기관 − 관제권(공항) : 각 지방항공청 − 관제권(군 비행장) : 관할 부대장 − 비행금지구역(휴전선) : 합동참모본부(항공작전과) − 비행금지구역(원전중심 A구역) 　: 합동참모본주(공중종심작전과) − 비행금지구역(서울강북) : 수도방위사령부(화력과) − 항공촬영 허가문의 : 국방부(보안암호정책과)			

2. 비행승인신청 방법

1) 무인동력비행장치(드론)의 비행을 위해서는 해당 공역의 관할 기관에 사전에 "드론 원스탑 민원포털서비스(https://drone.onestop.go.kr)"를 통하여 비행승인을 받아야 하며, 촬영을 병행할 경우에는 비행승인과는 별도의 항공촬영 허가를 국방부로부터 받아야한다.

📋 드론 One-Stop 민원 포털 서비스 비행승인 신청

다. 비행승인기관

1) 비행승인은 지역에 따라 승인기관이 다르게 되어 있으며, 항공사진촬영허가는 모든 지역에서 국방부에서 승인하고 있다.

2) 서울시내 비행금지공역(P-73)은 수도방위사령부에서 비행승인을 담당하며, 한강 이남을 포함하여 P-73공역 외곽으로 설정되어 있는 R-75 비행제한 공역도 수도방위사령부의 규정에 의거하여 고도에 상관없이 사전에 비행승인을 득하여야 한다.

구 분		비행금지 구역(P)	비행제한 구역(R)	민간관제권 (반경 9.3km)	군 관제권 (반경 9.3km)	기타지역 (고도 150m 미만)
촬영허가 (국방부)		○	○	○	○	○
비행 승인	국방부	○	○	X	○	X
	국토 교통부	X	X	○	X	X

	* 국방부 : P518, P73A/B, P61A, P62A, P63A, P64A, P65A ** 국토교통부 : P61B, P62B, P63B, P64B, P65B
공통사항	1) 최대이륙중량 25kg 초과 기체 비행시 고도에 상관없이 비행승인 필요 2) 공역이 2개 이상 겹칠 경우 각 기관 허가 사항 모두 적용 3) 150m 이상 고도에서 비행할 경우 비행승인 필요 4) ◎ : 국가/군사 시설 유무에 따라 달라질 수 있어 국방부에 문의 필요

🦋 비행승인기관

🦋 수도권 비행통제구역[1]

4. 특별비행 승인(항공안전법 시행규칙 312조의 2)

1) 특별비행의 조건

① 야간에 비행하거나 육안으로 확인할 수 없는 범위에서 비행

2) 무인동력비행장치(드론) 특별비행승인 절차

① 드론 원스탑 민원포털서비스(https://drone.onestop.go.kr)를 통하여 특별비행승인 신청

② 지방항공청에서 신청서 접수 후 항공안전기술원에 안전기준 검사 요청

③ 항공안전기술원에서 검사수수료 통보 및 납부 확인, 안전성 검사(현장점검) 후 지방항공청으로 결과서 제출

④ 지방항공청에서 최종 승인 후 기관 및 업체로 증명서 발송

⑤ 기관 및 업체는 증명서 수령 후 특별비행승인 수행 가능

---

1) 서울지방항공청, 2020 무인비행장치 드론 안전관리 가이드, 2020, p.39.

🏴 드론 원스탑 민원 포털 서비스의 특별비행 승인

3) 무인비행장치 특별비행승인 신청서류

① 무인비행장치의 종류·형식 및 제원에 관한 서류

▶ 무인비행장치의 종류, 형식, 무게(최대이륙중량 및 자체중량), 크기 등 제원에 관한 서류(무인비행장치 전체 및 측면 사진을 포함하여 무인비행장치에 카메라·GPS 위치 발신기 등이 장착되는 경우에는 그 종류·형식 및 무게·크기 등을 제원에 관한 서류를 함께 제출)

② 무인비행장치의 성능 및 운용한계에 관한 서류(각 기체의 매뉴얼 참조)

▶ 기체 사용 및 성능설명서 등 기체 성능과 운용한계에 대한 정보 제공 서류 제출

③ 무인비행장치의 조작방법에 관한 서류(각 기체의 매뉴얼 참조)

▶ 수동·자동·반자동 비행기능 및 시각 보조장치 등의 조작방법 사용설명 서류 제출

④ 무인비행장치의 비행절차, 비행지역, 운영인력 등이 포함된 비행계획서

▶ 실제 비행내용 확인이 가능하도록 아래 사항에 대해 구체적 작성 필요

* 야간/비가시 비행 명시
* 최대비행고도, 1회당 운영시간, 비행기간, 장소, 비행횟수, 절차, 책임자, 운영인력 등을 포함한 비행계획서
* 비행경로(캡처된 지도에 표시), 관찰자 유무 및 위치(캡처된 지도에 표시), 비행금지구역 등 명시
* 자동안전장치(충돌방지기능), 충돌방지등, GPS 위치발신기 장착 명시

⑤ 안전성인증서(제305조제1항에 따른 초경량비행장치 안전성인증 대상에 해당하는 무인비행장치에 한정)

▶ 사용기체가 안전성인증 대상에 해당 시, 안전성인증서 제출

⑥ 무인비행장치의 안전한 비행을 위한 무인비행장치 조종자의 조종 능력 및 경력 등을 증명하는 서류

▶ 비행계획서에 명시된 조종자의 무인비행장치 조종 자격증 제출

▶ 자격증 미소지 시, 조종능력 및 경력을 증명하는 서류 제출

⑦ 해당 무인비행장치 사고에 따른 제3자 손해 발생 시 손해배상 책임을 담보하기 위한 보험 또는 공제 등의 가입을 증명하는 서류(「항공사업법」 제70조제4항에 따라 보험 또는 공제에 가입하여야 하는 자로 한정)

▶ 업체 또는 기체에 해당하는 보험 및 공제 가입증명 서류 제출

⑧ **비상상황 매뉴얼** : 사고대응 절차, 비상연락·보고체계 등

⑨ 무인비행장치 이·착륙장의 조명 및 장애물 현황에 관한 서류(이·착륙장 사진 포함)

⑩ 기타 서류(필요 시, 별도 요청)

4) 무인비행장치 특별비행을 위한 안전기준

① 공통사항

▶ 이/착륙장 및 비행경로에 있는 장애물이 비행 안전에 영향을 미치지 않아야 한다.

▶ 자동안전장치(Fail-Safe)를 장착한다.

▶ 충돌방지기능을 탑재한다.

▶ 추락 시 위치정보 송신을 위한 별도의 GPS 위치 발신기를 장착한다.

▶ 사고 대응 비상연락, 보고체계 등을 포함한 비상상황 매뉴얼을 작성·비치하고, 모든 참여 인력은 비상상황 발생에 대비한 비상상황 훈련을 받아야 한다.

② 야간비행

▶ 야간 비행 시 무인비행장치를 확인할 수 있는 한 명 이상의 관찰자를 배치해야 한다.

▶ 5km 밖에서 인식가능한 정도의 충돌방지 등을 장착한다.

▶ 충돌방지 등은 지속 점등 타입으로 전후좌우를 식별 가능 위치에 장착한다.

▶ 자동 비행 모드를 장착한다.

▶ 적외선 카메라를 사용하는 시각보조장치(FPV)를 장착한다.

▶ 이/착륙장 지상 조명시설 설치 및 서치라이트를 구비한다.

③ 비 가시권 비행

▶ 조종자의 가시권을 벗어나는 범위의 비행 시, 계획된 비행경로에 무인비행장치를 확인할 수 있는 관찰자를 한 명 이상 배치해야 한다.

▶ 조종자와 관찰자 사이에 무인비행장치의 원활한 조작이 가능할 수 있도록 통신이 가능해야 한다.

▶ 조종자는 미리 계획된 비행과 경로를 확인해야 하며, 해당 무인비행장치는 수동/자동/반자동 비행이 가능하여야 한다.

▶ 조종자는 CCC(Command and Control, Communication) 장비가 계획된 비행 범위 내에서 사용 가능한지 사전에 확인해야 한다.

▶ 무인비행장치는 비행계획과 비상상황 프로파일에 대한 프로그래밍이 되어있어야 한다.

▶ 무인비행장치는 시스템 이상 발생 시, 조종자에게 알림이 가능해야 한다.

▶ 통신(RF 통신 및 LTE 통신 기간망 사용 등)을 이중화한다.

▶ GCS(Ground Control System) 상에서 무인비행장치의 상태 표시 및 이상 발생 시 GCS 알림 및 외부 조종자 알림을 장착한다.

▶ 시각보조 장치(FPV)를 장착한다.

5) 특별비행 승인

① 지방항공청장은 신청서를 제출받은 날부터 30일(새로운 기술에 관한 검토 등 특별한 사정이 있는 경우에는 90일) 이내에 법 제129조제5항에 따른 무인비행장치 특별비행을 위한 안전기준에 적합한지 여부를 검사한 후 적합하다고 인정하는 경우에는 별지 제123호의3서식의 무인비행장치 특별비행승인서를 발급하여야 한다.

③ 이 경우 지방항공청장은 항공안전의 확보 또는 인구밀집도, 사생활 침해 및 소음 발생 여부 등 주변 환경을 고려하여 필요하다고 인정되는 경우 비행일시, 장소, 방법 등을 정하여 승인할 수 있다.

③ 기타 위의 규정한 사항 이외에 무인비행장치 특별비행승인을 위하여 필요한 사항은 국토교통부장관이 정하여 고시한다.

5. 구조 지원장비 장착(항공안전법 제128조, 항공안전법 시행규칙 제309조)

1) 초경량비행장치 비행제한공역에서 비행하려는 사람은 안전한 비행과 초경량비행장치사고 시 신속한 구조 활동을 위하여 국토교통부령으로 정하는 장비를 장착하거나 휴대하여야 한다.
① 위치추적이 가능한 표시기 또는 단말기
② 조난 구조용 장비(위 ①의 장비를 갖출 수 없는 경우에 해당)

7 | 조종자 준수사항(항공안전법 제129조, 항공안전법 시행규칙 제310조)

1. 주요 내용(항공안전법 제129조, 항공안전법 시행규칙 제310조)

1) 초경량비행장치의 조종자는 초경량비행장치로 인하여 인명이나 재산에 피해가 발생하지 아니하도록 국토교통부령으로 정하는 준수사항을 지켜야 한다.
① 초경량비행장치 조종자는 법 제129조제1항에 따른 금지행위

▶ 인명이나 재산에 위험을 초래할 우려가 있는 낙하 물을 투하(投下)하는 행위

▶ 주거지역, 상업지역 등 인구가 밀집된 지역이나 그 밖에 사람이 많이 모인 장소의 상공에서 인명 또는 재산에 위험을 초래할 우려가 있는 방법으로 비행하는 행위

▶ 법 제78조제1항에 따른 관제공역·통제공역·주의공역에서 비행하는 행위. 다만, 법 제127조에 따라 비행승인을 받은 경우와 다음 각 목의 행위는 제외한다.

· 군사목적으로 사용되는 초경량비행장치를 비행하는 행위

· 다음의 어느 하나에 해당하는 비행장치를 별표 23 제2호에 따른 관제권 또는 비행금지구역이 아닌 곳에서 제199조제1호나목에 따른 최저비행고도(150미터) 미만의 고도에서 비행하는 행위

  − 무인비행기, 무인헬리콥터 또는 무인멀티콥터 중 최대이륙중량이 25킬로그램 이하인 것

▶ 안개 등으로 인하여 지상목표물을 육안으로 식별할 수 없는 상태에서 비행하는 행위

▶ 비행시정 및 구름으로부터의 거리기준을 위반하여 비행하는 행위

▶ 일몰 후부터 일출 전까지의 야간에 비행하는 행위.(다만 특별 비행허가를 받은

경우는 제외)

▶ 「주세법」 제3조제1호에 따른 주류, 「마약류 관리에 관한 법률」 제2조제1호에 따른 마약류 또는 「화학물질관리법」 제22조제1항에 따른 환각물질 등(이하 "주류등"이라 한다)의 영향으로 조종업무를 정상적으로 수행할 수 없는 상태에서 조종하는 행위 또는 비행 중 주류등을 섭취하거나 사용하는 행위

▶ 그 밖에 비정상적인 방법으로 비행하는 행위

② 초경량비행장치 조종자는 항공기 또는 경량항공기를 육안으로 식별하여 미리 피할 수 있도록 주의하여 비행

③ 동력을 이용하는 초경량비행장치 조종자는 모든 항공기, 경량항공기 및 동력을 이용하지 아니하는 초경량비행장치에 대하여 진로를 양보

④ 무인비행장치 조종자는 해당 무인비행장치를 육안으로 확인할 수 있는 범위에서 조종하여야 한다.(다만 허가를 득한 경우제외)

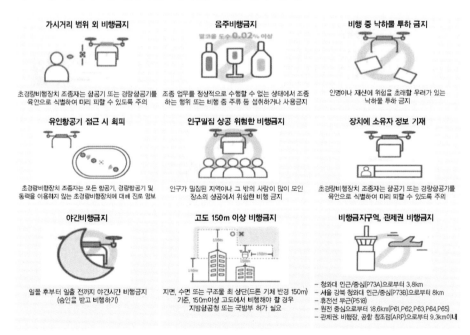

🎞 조종자 준수사항

⑤ 「항공사업법」 제50조에 따른 항공레저스포츠사업에 종사하는 초경량비행장치 조종자는 다음 각 호의 사항을 준수하여야 한다.

▶ 비행 전에 해당 초경량비행장치의 이상 유무를 점검하고, 이상이 있을 경우에

는 비행을 중단할 것

▶ 비행 전에 비행안전을 위한 주의사항에 대하여 동승자에게 충분히 설명할 것

▶ 해당 초경량비행장치의 제작자가 정한 최대이륙중량을 초과하지 아니하도록 비행할 것

8 | 비행시 유의사항

1. 개요

비행 시 유의사항은 조종자 준수사항과 동일하게 준수하여야 하며, 벌금 및 과태료 등 모두 동일하게 적용 받는다.

2. 내용

① 군 방공비상사태 인지 시 즉시 비행을 중지하고 착륙할 것.

② 항공기의 부근에 접근하지 말 것. 특히 헬리콥터의 아래쪽에는 Down wash가 있고, 대형 및 고속항공기의 뒤쪽 및 부근에는 Turbulence가 있음을 유의할 것.

③ 군 작전 중인 전투기가 불시에 저고도 및 고속으로 나타날 수 있음을 항상 유의할 것.

④ 다른 초경량 비행장치에 불필요하게 가깝게 접근하지 말 것.

⑤ 비행 중 사주경계를 철저히 할 것.

⑥ 태풍 및 돌풍이 불거나 번개가 칠 때, 또는 비나 눈이 내릴 때에는 비행하지 말 것.

⑦ 비행 중 비정상적인 방법으로 기체를 흔들거나 자세를 기울이거나 급상승, 급강하거나 급선회를 하지 말 것.

⑧ 제원에 표시된 최대이륙중량을 초과하여 비행하지 말 것.

⑨ 이륙 전 제반 기체 및 엔진 안전점검을 할 것.

⑩ 주변에 지상 장애물이 없는 장소에서 이착륙할 것.

⑪ 야간에는 비행하지 말 것.(특별허가를 받은 경우는 제외)

⑫ 음주 약물복용 상태에서 비행하지 말 것.

⑬ 초경량 비행장치를 정해진 용도 이외의 목적으로 사용하지 말 것.

⑭ 비행금지공역, 비행제한공역, 위험공역, 경계구역, 군부대상공, 화재발생지역 상공, 해상화학공업단지, 기타 위험한 구역의 상공에서 비행하지 말 것.

⑮ 공항 및 대형비행장 반경 약 9.3km 이내에서 관할 관제탑의 사전승인 없이 비행하지 말 것.

⑯ 고압송전선 주위에서 비행하지 말 것.

⑰ 추락, 비상착륙 시 인명, 재산의 보호를 위해 노력할 것.

⑱ 인명이나 재산에 위험을 초래할 우려가 있는 낙하물을 투하하지 말 것.

⑲ 인구가 밀집된 지역 기타 사람이 운집한 장소의 상공을 비행 하지 말 것.

9 | 조종자 안전수칙

1. 개요

조종자 안전수칙은 조종자 준수사항과 동일하게 준수하여야 하며, 벌금 및 과태료 등 모두 동일하게 적용 받는다.

2. 내용

① 조종자는 항상 경각심을 가지고 사고를 예방할 수 있는 방법으로 비행해야 한다.

② 비행 중 비상사태에 대비하여 비상절차를 숙지하고 있어야 하며, 비상사태에 직면하여 비행장치에 의해 인명과 재산에 손상을 줄 수 있는 가능성을 최소화 할 수있도록 고려하여야 한다.

③ 드론 비행장소가 안개등으로 인하여 지상 목표물을 식별할 수 있는지 비행 중의 드론을 명확히 식별할 수 있는 시정인지를 비행 전에 필히 확인하여야 한다.

④ 가급적 이륙 시 육안을 통해 주변상황을 지속적으로 감지 할 수 있는 보조요원 등과 이착륙 시 활주로에 접근하는 내, 외부인의 부주의한 접근을 통제 할 수 있는 지상안전 요원이 배치된 장소에서 비행하여야 한다.

⑤ 아파트 단지, 도로, 군부대 인근, 원자력 발전소 등 국가 중요시설, 철도, 석유,화학, 가스, 화약 저장소, 송전소, 변전소, 송전선, 배전선 인근, 사람이 많이 모인 대형 행사장 상공 등에서 비행해서는 안 된다.

⑥ 전신주 주위 및 전선 아래에 저고도 미 식별 장애물이 존재한다는 의식 하에 회피기동을 하여야 하며, 사고 예방을 위해 전신주 사이를 통과하는 것은 자제한다.

⑦ 비행 중 원격 연료량 및 배터리 지시 계를 주의 깊게 관찰하며, 잔여 연료량 및 배터리 잔량을 확인하여 계획된 비행을 안전하게 수행하여야 한다.

⑧ 드론에 탑재되는 짐벌 등을 안전하게 고정하여 추락사고가 발생하지 않도록 하여야하며, 드론 비행성능을 초과하는 무게의 탑재물을 설치하지 말아야 한다.

⑨ 비행 중 원격제어장치, 원격계기 등의 이상이 있음을 인지하는 경우에는 즉시 가까운 이착륙 장소에 안전하게 착륙하여야 한다.

⑩ 연료공급 및 배출 시, 이착륙 직후, 밀폐된 공간 작업수행 시 흡연을 금지하여야하며, 음주 후 비행은 금지하여야 한다.

⑪ 충돌사고를 방지하기 위해 다른 비행체에 근접하여 드론을 비행하여서는 안되며 편대비행을 하여서는 안 된다.

⑫ 드론 조종자는 항공기를 육안으로 식별하여 미리 피할 수 있도록 주의하여 비행하여 야 하며 다른 모든 항공기에 대하여 최우선적으로 진로를 양보하여야 하고, 발견즉시 충돌을 회피할 수 있도록 조치를 해야 한다.

⑬ 가능한 운영자 또는 보조자를 배치하여 다른 비행체 발견과 회피를 위해 외부 경계를 지속적으로 유지하여야 한다.

⑭ 군 작전 중인 헬기, 전투기가 불시에 저고도, 고속으로 나타날 수 있음을 항상 유의

10 │ 통신 안전수칙

1. 주요 내용

① 드론은 무선 조종기와 수신기간의 전파로 조종, 지상통제소(Ground Station)와 비행장치 내 프로세서 또는 관성측정장치(IMU)와 Data Radio Link를 이용하여 조종 또는 자율 비행을 수행하고, 역시 Data Radio Link(Telemetry)를 통한 비행 정보를 받아가면서 원격으로 조종되므로 항상 통신두절 및 제어 불능 상황발생을 염두에 두고, 사고 피해를 최소화하도록 운영하여야 한다.

② 혼신(Interference: 40/72MHz) 또는 잡파(Noise: 40/72MHz/2.4GHz) 발생

시 Fail Safe 기능사용 또는 Self Circling/Stabilized Hovering 모드로 진입 후 문제 해결 또는 RTH나 Auto Landing으로 기체를 회수해야 한다.

③ GPS 장애 및 교란에 대비 Fail Safe/Throttle cut 기능사용 등 이, 삼중의 안전대책을 강구할 필요가 있다.

④ GPS의 장애요소는 태양의 활동변화, 주변 환경(주변 고층 빌딩 산재, 구름이 많이 낀 날씨 등)에 의한 일시적인 문제, 의도적인 방해, 위성의 수신 장애 등 다양하며, 이로 인해 GPS에 장애가 오면 드론이 조종 불능(No Control)이 될 수 있다.

⑤ 조종불능의 경우 비행체가 조종자의 의도와 상관없이 비행하게 되어 수십 미터 또는 수십 킬로미터 비행하다가 안전사고가 발생할 수 있으므로 No Control이 되면 자동으로 동력을 차단 또는 기능을 회복하여 의도하지 않은 비행을 막아주는 Fail, Safe 기능이 있는지 확인해야 한다.

11 | 안전개선명령과 준용 규정

1. 안전개선명령(항공안전법 제130조, 항공안전법 시행규칙 제313조)

국토교통부장관은 초경량비행장치 사용사업의 안전을 위하여 필요하다고 인정되는 경우에는 사업자에게 다음 각 호의 사항을 명할 수 있다.

① 초경량비행장치 및 그 밖의 시설의 개선

② 그 밖에 초경량비행장치의 비행안전에 대한 방해 요소를 제거하기 위하여 필요한 사항으로서 국토교통부령으로 정하는 사항

법 제130조제2호에서 "국토교통부령으로 정하는 사항"이란 다음 각 호의 어느 하나에 해당하는 사항을 말한다.

① 초경량비행장치사업자가 운용중인 초경량비행장치에 장착된 안전성이 검증되지 아니한 장비의 제거

② 초경량비행장치 제작자가 정한 정비절차의 이행

③ 그 밖에 안전을 위하여 국토교통부장관 또는 지방항공청장이 필요하다고 인정하는 사항

2. 준용규정(항공안전법 제131조, 항공안전법 57조)

항공종사자 및 객실승무원은 항공업무 또는 객실승무원의 업무에 종사하는 동안에는 주류등을 섭취하거나 사용해서는 아니 된다.

초경량비행장치 소유자 등 또는 초경량비행장치를 사용하여 비행하려는 사람에 대한 주류 등의 섭취, 사용 제한에 관하여는 제57조를 준용한다.

① 주류등의 영향으로 항공업무 또는 객실승무원의 업무를 정상적으로 수행할 수 없는 상태의 기준은 다음 각 호와 같다.

▶ 주정성분이 있는 음료의 섭취로 혈중알코올농도가 0.02퍼센트 이상인 경우.

▶ 「마약류 관리에 관한 법률」 제2조제1호에 따른 마약류를 사용한 경우.

▶ 「화학물질관리법」 제22조제1항에 따른 환각물질을 사용한 경우.

12 | 초경량비행장치의 사고와 보험

1. 사고

1) 사고의 정의(항공안전법 제2조 용어의 정의)

"초경량비행장치 사고"란 초경량비행장치를 사용하여 비행을 목적으로 이륙하는 순간부터 착륙하는 순간까지 발생한 다음 각목의 어느 하나에 해당되는 것으로서 국토교통부령으로 정하는 것을 말한다.

① 초경량비행장치에 의한 사람의 사망, 중상 또는 행방불명.

② 초경량비행장치의 추락, 충돌 또는 화재 발생.

③ 초경량비행장치의 위치를 확인할 수 없거나 초경량비행장치에 접근이 불가능한 경우

2) 사고 발생 시 조치사항

① 인명구호를 위해 신속히 필요한 조치를 취할 것.

② 사고 조사를 위해 기체, 현장을 보존할 것.

③ 사고 조사에 도움이 될 수 있는 정황 및 장비 상태에 대한 사진 및 동영상 자료를 세부적으로 촬영할 것.

3) 사고의 보고(항공안전법 시행규칙 제312조)

"초경량비행장치 사고를 일으킨 조종자 또는 그 초경량비행장치 소유자 등은 다음 각 호의 사항을 관할 지방항공청장 및 항공철도사고조사위원회에 보고 하여야 한다.

① 조종자 및 그 초경량비행장치소유자등의 성명 또는 명칭.

② 사고가 발생한 일시 및 장소.

③ 초경량비행장치의 종류 및 신고번호.

④ 사고의 경위.

⑤ 사람의 사상(死傷) 또는 물건의 파손 개요.

⑥ 사상자의 성명 등 사상자의 인적사항 파악을 위하여 참고가 될 사항

나. 보험(항공사업법 70조)

1) 초경량비행장치를 초경량비행장치사용사업, 항공기대여업 및 항공레저스포츠사업에 사용하려는 자와 무인비행장치 등 국토교통부령으로 정하는 초경량비행장치를 소유한 국가, 지방자치단체, 「공공기관의 운영에 관한 법률」 제4조에 따른 공공기관은 국토교통부령으로 정하는 보험 또는 공제에 가입하여야 한다.

2) 영리목적으로 사용되는 드론은 항공사업법 제70조 및 자동차손해배상 보장법 시행령 제3조에서 규정하고 있는 손해액에 부합하는 보험을 기체별로 가입해야 한다.

3) 보험의 종류

① **대인/대물(배상책임보험)** : 모든 사용사업자 필수

  ▶ 사고 시 배상 대상 : 대인, 대물

  ▶ 보상금액 한도 : 사용사업을 위한 기본 요구사항으로서 1인/건당 1.5억원 배상가액

  ▶ 보험료 : 60~80만원

② **자차보험(항공보험 등)** : 교육기관 비행장치 권유, 기타 사용사업자 선택

  ▶ 사고 시 배상 대상 : 자가 장비

  ▶ 보상금액 한도 : 수리비용 보상 한도에서 설계

  ▶ 보험료 : 무인헬리콥터(약 2천만원/대당), 무인멀티콥터(약 350만원/대당)

③ **자손보험(개인 배상책임 등)** : 교육기관 필수, 기타 사용사업자 선택

  ▶ 사고 시 배상 대상 : 자가 신체

▸ 보상금액 한도 : 조종자 자신의 손상에 대한 치료비 등 보상

▸ 보험료 : 인원별/기관별 상이(수 만원~수십 만원)

4) 보험 배상처리를 위한 사전 조건 및 준비사항

① **조종사** : 유자격자 조종 필수

② **방제 비행 시** : 신호수 편성운용 필수

③ 교육원 교관 입회 조종 필수

④ 개인비행시간기록부 / 기체비행시간기록부 / 정비이력부 작성 필수

⑤ 조종기 비행로그 제공 / 기체 비행로그 제공

⑥ 사고 발생 시 현장 사진 / 동영상 촬영 유지

⑦ **정기점검** : 부품별 정비 및 비행기록 유지. 조종자 비행기록 유지

⑧ 항공안전법 등 법 규정을 위반한 사고일 경우 심각성에 따라 보상 규모를 제한 받을 수 있다.

⑨ **할인할증제도 실시** : 조종자 개인 및 소속 기관별 할인/할증제도가 있으며, 안전한 운항을 통해서 보험료 감면받을 수 있다.

13 초경량비행장치의 벌칙

1. 과태료

1) 항공안전법

위반행위	과태료 금액
1) 주류, 마약류, 환각물질 등을 비행 전 또는 비행 중에 섭취하거나 사용 시	3년 이하 징역 또는 3천만원 이하 벌금
2) 군사기지 또는 군사시설의 촬영, 묘사, 녹취, 측량 또는 이에 관한 문서나 도서 등을 발간 시	3년 이하 징역 또는 3천만원 이하 벌금
3) 안전성 인증을 받지 않은 비행장치를 조종자 증명없이 비행 한 경우	1년 이하 징역 또는 1천만원 이하 벌금
4) 비행장치 신고 또는 변경신고 하지 않고 비행 시	6개월 이하 징역 또는 500만원 이하 벌금
5) 관제공역, 통제공역, 주의공역 승인없이 비행 시	500만원 이하 벌금
6) 허가를 받지 않고 무인자유기구 비행 시	500만원 이하 벌금
7) 비행제한구역을 승인없이 비행 시	500만원 이하 벌금
8) 승인을 받지 않고 초경량비행장치를 비행한 경우	300만원 이하 벌금
9) 보험가입 대상이 보험을 가입하지 않고 비행 시	500만원 이하 과태료
10) 안전성 인증을 받지 않고 비행 시	500만원 이하 과태료
11) 조종자 증명을 받지 않고 비행 시	400만원 이하 과태료
12) 조종자 준수사항을 따르지 않고 비행한 경우	300만원 이하 과태료
13) 150m이상 고도 비행 승인을 받지 않고 비행 시	300만원 이하 과태료
14) 신고번호를 표시하지 않거나 거짓으로 표시한 경우	100만원 이하 과태료
15) 비행장치 말소신고를 하지 않은 경우	30만원 이하 과태료

14 | 비행정보

1. AIP(Aeronautical Information Publication)

① 해당국가에서 비행하기 위해 필요한 항법관련 항공정보간행물

② 우리나라는 한글과 영어로 된 단행본으로 발간되며, 국내에서 운항되는 모든 민간항공기의 능률적이고 안전한 운항을 위하여 영구성 있는 항공정보를 수록

2. NOTAM(Notice to Airman) : 노탐

① 항공고시보라고 하며, 항공시설, 업무절차 또는 위험요소의 신설, 운용상태 및 그 변경에 관한 정보를 수록하여 전기통신수단으로 항공종사자들에게 배포하는 공고문.(28일 주기로 발행하여 연간 13회 발행, 최대 유효기간은 3개월)

3. AIRAC(Aeronautical Information Regulation And Control)

① 정해진 Cycle에 따라 최신으로 규칙적으로 개정되는 것

4. AIC(Aeronautical Information Circular) : 항공정보회람

① 위의 AIP나 NOTAM으로 전파될 수 없는 주로 행정사항에 관한 다음의 항공정보를 제공한다.

▶ 법령, 규정, 절차 및 시설 등의 주요한 변경이 장기간 예상되거나 비행기 안전에 영향을 미치는 사항

▶ 기술, 법령 또는 순수한 행정사항에 관한 설명과 조언의 정보 통지

▶ 매년 새로운 일련번호를 부여하고 최근 유효한 대조표는 일년에 한번씩 발행

II

항공방제(살포)의
역사

1. 외국
2. 우리나라

01 / 외국

CHAPTER

1 | 일본

일본의 산업용 무인 헬리콥터 시작은 농약을 살포하려는 목적으로 개발되었다. 1970년대 하늘에서 논의 병해충을 방제하는 데는 유인 헬리콥터를 사용했었다. 그런데 농업 지역에서 논을 밭으로 바꾸어 다른 작물과 같이 재배하는 사례가 증가하면서 논과 밭이 혼재되기 시작하여, 약제 살포범위가 큰 유인 헬리콥터를 사용하는데 따른 피해가 발생했다. 또한 한편, 농작물 종사자들의 고령화가 진행되면서 농업 가운데 가장 중노동인 농약살포에 있어서 기계화할 필요성이 강력하게 대두되었다. 이런 상황들을 감안해 1980년에 농림수산성이 농림수산항공협회에「원격 유도식 소형비행 살포장치 RCASSRemote Control Aerial Spraying System」의 개발을 요청했다. 초창기 RCASS는 동축同軸 반전식의 무인 헬리콥터로 개발되어 1987년에 첫 비행에 성공했지만 당시의 항공기제조 사업법 상으로는 총중량 100kg 미만으로 규정되어 있었다. 그래서 기체를 가볍게 만들 방법을 찾지 못해 실용화 전망이 없어 개발이 중지되었다. 하지만 이 RCASS를 개발하면서 얻은 데이터는 무인 헬리콥터를 개발 하는데 중요한 기반이 되었다.

RCASS 개발을 하청 받았던 야마하는 1988년에 독자적으

🎌 비행 중인 RCASS(사진 : Yamaha Motor Global)

로 싱글로터 방식의 「R50」를 완성시켰다. 이 R50기를 이용해 현지실증을 하면서 이용조건 등이 명확해졌다. 그리고 1991년, 농림수산성은 이 현지실증 성과를 바탕으로 본격적으로 이용하기 위해 「무인 헬리콥터 이용기술 지도지침」을 제작하고, 이 지침 안에 기체나 조작요원 관리, 운용방법을 정하게 되었다. 이로 인해 농, 수협을 중심으로 한 농약살포 무인 헬리콥터의 관리가 일원화 되고, 이용기술 개발체제가 확립되었다. 1992년 이후에는 6개의 민간기업이 농약살포용 무인 헬리콥터를 개발해 시장에 뛰어들면서 이용이 확대되었다. 대표적인 것으로는 야마하 발동기의 「RMAX」, 얀마 농기계의 「YH300」, 구보다의 「KG200」, 후지중공업의 「RPH2」 등이 있으며, 현재는 야마하발동기와 얀마헬리&아그리(얀마농기계)의 무인 헬리콥터로 집약되어 있다.

RMAX 운용
홍보영상

동영상을 보시면
더 자세히 알아볼 수
있습니다!

1982	일본 정부가 YAMAHA에 개발 요청
1986	첫번째 농업용 모델인 RCASS 개발(동축반전형 무인헬리콥터)
1990	R-50 출시
1997	RMAX 출시 YAMAHA 자동비행 무인헬리콥터 개발 시작
1999	YAMAHA 자동비행 시제기 모델 제작 Mt.Usu 화산 관측 시험 실시
2000	Autonomous RMAX 출시
2001	RMAX Type II 출시
2013	FAZER 출시

RCASS(Co-Axial Rotor)

R50

RMAX

Autonomous RMAX

FAZER

Agricultural RMAX

🚁 YAMAHA 농업용 무인헬리콥터의 개발 역사

현재 일본의 농림수산업 항공협회에 등록되어 있는 기체의 약 70%는 야마하 제품으로, 「RMAX」와 「FAZER」, 「FAZER R」 3기종이 있다. RMAX는 1997년에 발표되어 신뢰성과 성능 차원에서 호평을 받으면서 마이너 체인지를 반복하다가, 국내외 시장에서 누계 약 3,500대가 이용되어 왔다. 그러나 각종 시스템이나 탑재중량 등의 제한으로 향후 발전에 충분히 대응하지 못하는 상황이 발생하였다.

그 때문에 전체 모델변화를 거쳐 2013년에 FAZER을 발매했다. 탑재차량에 대한 제한이 있어 FAZER 기체 전장 등의 치수제원은 RMAX와 똑같다. 하지만 엔진은 RMAX의 2사이클 250cc에서 4사이클 390cc로 바뀌었고, 출력향상으로 탑재중량이 8kg 늘어나면서 실용성이 높아졌다. 또한 자이로센서를 이용한 자세제어와 RMAX에서 옵션이었던 GPS센서를 이용한 속도제어가 FAZER에서는 기본사양이 되면서 안정성과 조종성이 향상되었다.

2014년 4월, 농림수산업의 경쟁력 강화를 목적으로 항공기제조 사업법 시행령이 개정되어, 항공기제조 사업법 대상인 무인항공기의 총중량이 100kg 이상에서 150kg 이상으로 바뀌었다. 이로 인해 항공기제조 사업법 대상 외인 무인 헬리콥터의 총중량이 150kg 미만까지 확대되어 대형화가 가능해졌다.

이로 인하여 야마하 발동기는 2016년에 FAZER R을 발매했다. 이전 모델인 FAZER에 비해 기체중량과 기체치수는 거의 비슷하지만, 탑재중량이 32kg에서 40kg으로 크게 증가되었다. 이것은 엔진의 성능향상과 더불어 테일 로터의 공력특성도 향상시켰기 때문이다.

RMAX   FAZER   FAZER R

YAMAHA사의 무인 헬리콥터 기체 (사진 : YAMAHA)

무인 헬리콥터 RMAX, FAXER, FAZER R의 주요제원(출처 : YAMAHA)

	RMAX	FAZER	FAZER R
전장[mm]	2,755	2,782	
전고[mm]	1,080	1,078	
전폭[mm]	770	770	
메인로터 지름[mm]	3,115	3,115	
테일로터 지름[mm]	550	550	
원동기종류	2사이클	4사이클 OHV	
총배기량[cc]	246	390	390
최고출력[kW]	15.4 이상	19.1	20.6
연료용량[L]	6	5	5.8
기체중량[kg]	69.7	66.7	67.4
탑재중량[kg]	24 (0m, 30℃)	32 (1,000m, 30℃)	40 (1,000m, 30℃)

2 | 중국

　중국의 농업용 드론의 시작은 일본의 무인 항공방제용 헬리콥터를 따라 역설계하는 과정에서 기술이 성숙하게 되었다. 기존 무인 모형 RC의 부품 시장이 2013년 본격화 되면서 세계 점유율을 꾸준히 성장시켜 짧은 기간 동안 크게 성장할 수 있었다. 초창기 중국의 소형 드론 부품의 수준은 보통의 성능에 일정하지 못한 품질로 문제가 되었다. 하지만 2016년 산업용 소형 드론 시장이 급성장함에 따라 수요가 크게 증가하면서 다양한 형태의 부품이 개발되었고, 품질이 크게 향상되었다. 현재는 성능과 품질이 우수하고 값이 저렴한 것이 특징으로 충분한 경쟁력을 갖추고 있다. 중국의 드론 제조 및 생산 시장은 100% 내수가 가능하다는 점이 가장 큰 특징이다. 멀티콥터의 핵심 부품인 FCFlight Controller, 모터, 변속기 등을 자체 생산하고 생산 공장을 중심으로 주변에 여러 개의 기체 조립회사들이 있다. 기체 조립회사들은 개인의 주문제작 기체부터 기업 또는 국가의 요구조건에 맞는 기체를 출시하고 있다.

　중국 최대 농기계 및 건설장비 업체인 ZoomLion은 2010년 항공방제용 멀티콥터 개발에 착수하였고, 2012년부터 본격적으로 지라이온 UAV시리즈를 출시하였다. 2016년에는 세계적으로 5,000여대가 실제 방제 현장에 사용되었다. 2014년 출시된 18리터 탑재 기종은 200여대가 운용되고 있으며, 2016년에는 사용자 편의성과 성능이 개선된 10리터 모델과 20리터 모델이 본격 출시되었고, 이 후 자동비행 모델과 입제, 액제, 분제 살포가 가능한 멀티용 모델이 출시되어 국내 시험 판매를 개시하였다.

2016년부터는 입제, 분제, 액제 등을 교대로 살포할 수 있는 멀티 모델에 대한 현장시험을 마치고, 자동 경로비행에 따른 살포시스템도 겸비하여 국내에서 한성티앤아이(www.hstni.com)와 국산협력 생산 및 서비스를 진행하고 있다.

Z-Lion-10
입제/액제/분제

동영상을 보시면 더 자세히 알아볼 수 있습니다!

 ZOOMLION사의 농업용 멀티콥터 Z Lion-10/20, 입제/액제/분제(사진 : ZOOMLION)

2006년에 창업한 세계 최대 소형 드론 기업인 중국 DJI사는 2017년에 드론 비즈니스로 세계시장의 70% 정도를 점유하고 있다. 즉 독과점 양상이라 할 만큼 다른 나라나 회사들을 압도하고 있다. DJI는 농업용 드론, 촬영용 드론, 전문가용 촬영 짐벌, 비행 전자제어 시스템(FC) 등 다양한 드론 사업을 하고 있다. 그중 2016년 3월 농업용 멀티콥터인 Agras MG-1 모델을 출시했다. 이후 2017년 1월 FC의 시스템을 업그레이드하여 이전보다 비행성능이 안정적이고, 보다 정확한 약제 분사가 가능하도록 성능을 향상시킨 MG-1S 모델을 출시하였다. 2018년 11월에는 이전 모델보다 고 정밀 레이더를 추가 탑재하여 지형 파악과 비행 안정성을 강화한 MG-1P 모델을 출시했다.

**DJI MG-1P 운용
홍보영상**

동영상을 보시면
더 자세히 알아볼 수
있습니다!

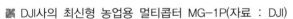
❄ DJI사의 최신형 농업용 멀티콥터 MG-1P(자료 : DJI)

최근에는 DJI가 측량이나 AI농업을 추진하는 Precision Hawk와도 연대를 강화하고 있다. DJI사의 특징은 철저한 비밀주의이며, 회사전체의 규모나 조직체제, 매상고 등을 발표하지 않고 있다. 그러면서도 자금력과 풍부한 인재를 배경으로 맹렬할 기세로 상품을 개발하면서 시장에 투입하고 있다. 게다가 기체나 카메라 등의 하드웨어, 소프트웨어, 판매점, 드론 스쿨 등 모든 드론 관련 비즈니스는 전부 DJI와 그 그룹회사에서 사업 영역을 확장시켜 나가고 있다. 중국 드론 시장의 투자규모는 세계 1위인 DJI 외에도 4위인 Hover(Zero Zero, Robotics), 8위 Yuneec, 9위 Ehang가 있으며, ZEROTECH나 AEE, Xaircraft, MMC, EWATT 등의 유력기업도 있다.

3 | 미국

미국의 농업은 대부분 대규모 대형 농장 형태이다. 따라서 회전익 드론 보다는 같은 에너지로 넓은 구역을 비행할 수 있는 고정익 드론이 많다. 대규모 농업에 드론을 적용했을 때 기대되는 부분으로는 농작물의 파종, 농약살포, 현지 토양 경계선 매핑, 작물 상태 파악 등이 있으며, 수집한 데이터를 실시간으로 농장주와 작업자(트랙터)에게 제공해 기존보다 입체적인 농업이 가능하다. 약 75%의 농가에서는 드론을 이용한 파종 시스템을 이미 활용하고 있으며 85%의 비용절감효과를 보고 있다.

미국의 입체적인 드론 농업 시스템 (출처 : 한국농기계신문)

UAV로 많이 알려진 미국의 군사용 무인기 분야는 전 세계 기술 1순위를 자랑한다. 최근 들어 우수한 군사용 무인기 기술이 최근 들어 일부 민간에 적용되어 다양한 분야에서 무인기의 활용을 접할 수 있게 되었다. Precision Hawk사의 드론 플랫폼은 톱 벤더의 멀티로터와 고정익 드론 양쪽을 지원하고 있어서 무인기와 유인항공기, 공항 등의 안전성을 높이기 위해 공역과 지면의 장애물에 대해 실시간 데이터를 제공할 수 있다. 나아가 훈련을 받은 조종사와 데이터분석 전문가 팀이 다양한 중요 데이터를 수집해 분석결과를 제공한다. 특히 정밀농업이나 항공측량, 점검 등의 전문 분야에서 관심을 받고 있다.

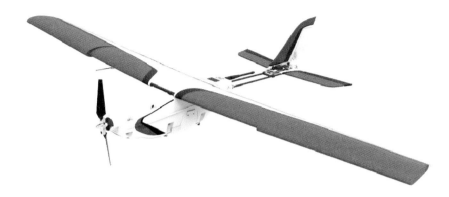

🦅 Precision Hawk사의 고정익 드론(출처 : Precision Hawk)

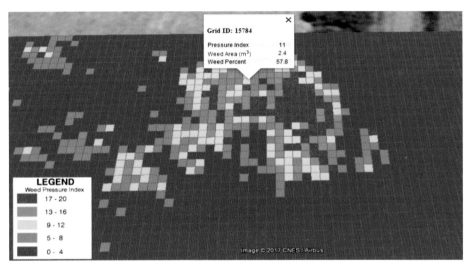

🦅 Precision Hawk사의 정밀농업의 활용(출처 : Precision Hawk)

Transparency Market Research Analysis의 연구결과에 따르면 세계 농업용 드론 시장은 향후 2026년까지 연평균 21.3%의 성장률을 보이며 확대될 것으로 전망했다. 미국 농업관련 분야의 회사로는 Micasense, Event 38 Unmanned System이, 임업 분야에는 Droneseed사 등이 있다.

Precision Hawk 운용
홍보영상

동영상을 보시면
더 자세히 알아볼 수
있습니다!

02 우리나라

CHAPTER

1 개요

1950년대까지는 품종의 다양성이 부족하고, 재배기술 등이 발달되지 못하여 대부분이 유기농 농법을 사용하여 왔다. 농약은 물론 화학 비료도 보급이 잘 되지 않아 대부분 인분과 축산 분뇨를 주로 사용하는 유기농 농법은 1960년대부터 화학 비료와 농약이 공급되면서 본격적인 방제의 역사가 시작되었다고 할 수 있다.

비료와 농약의 보급으로 농산물의 수확량이 급격하게 늘어나기 시작하여 "이렇게 쉽게 농사가 되느냐"는 말도 나왔던 시기라고 한다. 그러나 초기 농민의 인식부족과 농약의 과도한 독성으로 인해 유명을 달리한 사례도 많이 있다. 당시 일반적으로 사용된 방제용 도구들을 살펴보면, 방제 산업의 발전을 알아 볼 수 있다.

2 방제기

1. 인력 식 분사

1) 배낭 식 분무기

현재까지도 사용빈도가 많은 수동 방제기이다. 보통 20리터 급으로 방제 요원(사람)이 직접 등에 분무기를 배낭처럼 매고 방제 작업이 이루어진다. 현재는 배터리, 모터 등을 장착하여 자동 분사가 되는 기종도 사용된다.

희석된 약제가 최대 20리터로 1회 살포 면적이 평균 50㎡정도로 매우 제한적이다. 또한 약제를 포함한 무게가 25kg이 넘기 때문에 넓은 면적에 대한 약제 살포가 어렵게 되었다. 살포 압력이 비교적 낮으며 노즐대가 한 손으로 조작하기에 알맞도록 길이가 짧아 비산과 피부 접촉에 따른 농약의 중독 위험이 있다. 현재는 소규모 농지나 제초제 살포 등으로 많이 사용 된다.

🎯 배낭 식 수동분무기(출처: 한일 분무기)

배낭 식 수동분무기의 장점은 소규모 방제에 손쉽게 투입이 가능하고, 농기계 차량 등의 접근이 힘든 지역도 방제 가능하다. 특히, 다른 작물로는 비산이 적고 특정 구간에 원하는 만큼의 약제 살포가 용이하며, 가격이 저렴하고 이동이 간편하다.

이에 비해 단점은 장시간 또는 넓은 면적을 방제하기에는 적절하지 않다. 살포자의 약제 중독 위험이 매우 높으며, 방제사의 피로도가 매우 심하다고 할 수 있다.

2) 인력 식 고압 분무기

인력 식 고압 분무기의 등장으로 한 번에 좀 더 넓은 면적의 방제가 가능 하게 되었다. 한 지역에서 약제를 대량으로 희석하고 연장 호스를 통하여 살포 자가 손쉽게 노즐의 이동이 가능하다. 약대의 길이가 길어지고 분사 압력이 높아지며, 살포자의 농약 중독 위험도 감소한다. 하지만 3인 이상의 인원이 필요하며, 분무기의 압력 발생을 위해 쉼 없이 압력 레버를 작동 하여야 하는 번거로움이 존재 한다.

🎯 인력 식 고압분무기(사진: 동양 분무기)

인력식 고압분무기의 장점은 소규모 방제에 손쉽게 투입이 가능하다. 무동력 펌프로 장소의 구애를 받지 않고 사용 가능하다. 가격이 저렴하고, 이동도 간편하다. 이에 비해 단점은 장시간 또는 넓은 면적을 방제하기에 적절하지 않다. 보조자의 도움 없이 방제가 제한되며, 분사 압력을 유지하려면 보조자가 쉼 없이 압력 레버를 작동해야 한다. 또한 살포자의 약제 중독 위험이 높다는 단점이 있다.

2. 동력 식 분무기

1) 인력 식 동력 분무기

여러 종류의 동력장치(경운기, 트렉터, 차량, 전기모터, 엔진 등)로써 압력을 발생시키는 분사기로 현재 농업에 주로 이용되는 장치이다. 가격이 저렴하고, 취급방법과 유지보수가 매우 간편하다.

2) 차량 형 분무기

1인의 운전자만으로 방제가 가능하며, 적용 작물에 따라 여러 종류의 승용 방제기가 출시되어있다.

차량형 분무기

동영상을 보시면 더 자세히 알아볼 수 있습니다!

🌱 차량 형 분무기

차량 형 분무기의 장점은 1인 운용이 가능하고 운용 방법이 매우 쉽다. 또한 1회 방제 면적이 비교적 넓다. 이에 비해 운전자의 약제 중독 위험이 있고, 일부 농지에만 적용 가능하며, 약제의 비산이 심하다는 단점이 있다.

3) 광역 방제기

적절한 시기에 따라 차량에 부착하여 사용 가능한 광역 방제기는 1일 방제면적을 비약적으로 넓혔으며, 소규모 인원으로 방제가 가능하다.

광역 방제기
방제영상

동영상을 보시면
더 자세히 알아볼 수
있습니다!

🦋 광역 방제기의 방제 모습

광역 방제기의 장점은 1인 운용이 가능하고 운용방법이 매우 쉽다. 1일 최대 70ha의 방제가 가능하고, 한 곳에서 120m의 거리까지 살포가능하다. 이에 비해 약제의 비산과 발생 소음이 매우 심하다. 도로 인접지역에서만 방제가 가능하고, 일정지역의 선택적 살포가 불가하다. 바람의 방향에 따라 살포 거리가 달라질 수 있다는 단점이 있다. 또한 비산되는 약제가 제일 많은 방제 방법이다.

4) 무인헬리콥터

2003년도 중반 방제 시장에 도입된 무인 헬리콥터는 무인 항공방제 시장을 개척하였으며, 현재까지도 활발히 운영 중에 있다.

무인 헬리콥터
방제영상

동영상을 보시면
더 자세히 알아볼 수
있습니다!

🦋 무인 헬리콥터의 방제 모습

무인 헬리콥터 방제의 장점은 1일 최대 50ha의 방제가 가능하고(1회 1.5ha의 면적을 방제 가능), 1회 40분 이상의 연속비행은 물론, 손쉽게 획득이 가능한 가솔린을 연료로 사용한다. 이에 비해 구매비용이 매우 높다. 하향풍이 강하여 작물의 도복 위험이 있다. 기체의 중량이 많아 1인 이동이 제한되며, 조작이 어렵다. 또한 유지비용이 매우 높으며 개인 자가 정비가 제한된다는 단점이 있다.

5) 무인 멀티콥터

2013년도 이후 도입된 무인 멀티콥터는 비교적 저렴한 가격과 쉬운 조작 방법으로 방제시장에 급속히 보급되었다. 기체의 크기, 1회 살포 용량 등 다양한 종류가 여러 방면에 적용되고 있으며, 무인 항공기 시장을 빠르게 잠식하고 있다.

무인 멀티콥터 방제영상

동영상을 보시면 더 자세히 알아볼 수 있습니다!

무인 멀티콥터 방제 (출처: 한국항공방제)

무인 멀티콥터의 장점은 1일 최대 40ha의 면적과 장애물이 있는 지역에서도 방제가 가능하며, 약제의 비산이 다른 항공방제에 비하여 적다. 유지 보수비용이 적고, 비교적 조작방법이 쉬워 운용하기가 쉽다. 무게가 가벼워 이동이 용이하다는 장점도 있다. 이에 비해 1회 비행시간이 매우 한정적이며, 배터리 관리가 매우 까다롭고 충전 속도가 느리다. 약제 소진 시마다 배터리를 교체하여야 하는 단점이 있다.

III

방제용
무인헬리콥터 운용

1. 개요
2. 무인헬리콥터의 구성
3. 무인헬리콥터 운용

01 / 개요

CHAPTER

1 | 개발역사

    농업 방제용 무인헬리콥터 역사의 시작은 1982년 일본 정부가 YAMAHA에 개발을 요청하여 1986년 첫 번째 모델인 RCASS(동축반전형 무인헬리콥터)가 개발되었던 시점부터다. 이후 1990년에 R-50, 1997년에 RMAX가 출시되었고 다양한 무인헬리콥터가 출시 되었다. 우리나라의 국내 무인헬리콥터는 2003년 무성항공에서 YAMAHA사의 RMAX L-15 Type-IIG 1대를 국내 도입하면서 시작되었다. 2006년 YAMAHA사에서 외국으로의 수출이 중단하면서 국내 무인헬리콥터 개발 진행이 본격화되었다. 국내회사인 '성우엔지니어링'에서 농업용 무인헬리콥터를 개발하여 REMO-H를 출시했다. 이후 원신 스카이텍 X-Copter, 골드텔 등의 헬리콥터를 출시하였다.

REMO-H I

REMO-H II

🚁 성우엔지니어링

🚁 원신스카이텍 X-Copter

🚁 골드텔

02 / 무인헬리콥터의 구성

CHAPTER

1 | 무인헬리콥터 전체 부분의 명칭

1. 무인헬기 전체 부분의 명칭

① Main Rotor System (메인로터 계통)
② Radiator System (냉각기 계통)
③ Engine (엔진 계통)
④ Main Rotor Transmission (주로터 변속기)
⑤ Fuel System (연료계통)
⑥ ⑦ Tail System (테일 계통)
⑧ Aviation Electric System (항전 계통)
⑨ Landing System (착륙 계통)

2. 메인로터 계통(Main Rotor System)

① CENTER HUB
④ YOKE
⑦ SWASH
⑩ PITCH CONTROL LINKAGE 1
⑬ RADIUS ARM
⑯ SLIDE BLOCK

② STABILIZER HUB
⑤ MAIN MAST
⑧ POSITION CONTROL LINKAGE
⑪ PITCH CONTROL LINKAGE 2
⑭ STABILIZER PADDLE

③ CENTER HUB COVER
⑥ WASH ARM
⑨ STABILIZER ARM
⑫ MAIN GRIP HOLDER
⑮ MAIN BLADE

3. 엔진 계통(Engine System)

현재 국내에서 사용하고 있는 농업용 무인헬리콥터에
는 피스톤엔진(RMAX) 2행정 및 4행정 엔진과 로터
리 엔진(Remo-H)을 사용하고 있다.

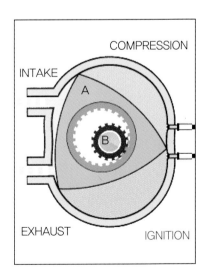

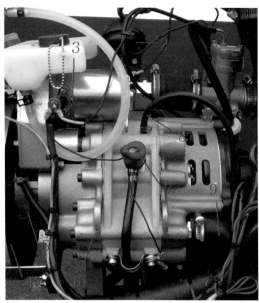

ENGINE (2/2)

① CARBURETOR
② VACUUM VALVE
③ START MOTOR
④ COOLING FAN
⑤ GENERATOR
⑥ ROTARY ENGINE
⑦ 데콤프 장치
⑧ FUEL PUMP LINE
⑨ COOLING WATER LINE
⑩ ELECTRIC CHOKE
⑪ AIR FILTER
⑫ IDLE VALVE
⑬ NEEDLE VALVE
⑭ IGNITER PLUG
⑮ IGNITER DEVICE
⑯ THROTTLE SERVO

Rotary(Wankel) Engine (1/2)

🔳 Rotary(Wankel) Engine

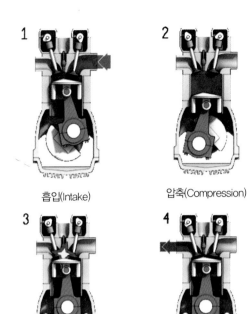

흡입(Intake)

압축(Compression)

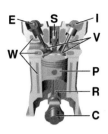

피스톤 엔진, 4행정

동영상을 보시면
더 자세히 알아볼 수
있습니다!

폭발(Combustion)

배기(Exhaust)

E – Exhaust camshaft	I – Intake camshaft	S – Spark plug
V – Valves	P – Piston	R – Connecting rod
C – Crankshaft	W – Water jacket for coolant flow	

 피스톤 엔진, 4행정

4. 주로터 변속기(Main Rotor Transmission)

① ACTUATOR (헬기의 움직임을 제어)

② ELEVATOR GUIDE

③ MISSION BOX

④ OIL PLUG

⑤ FLOW METER (초기치 = 4/5)

⑥ S–SHAFT (테일 동력 전달)

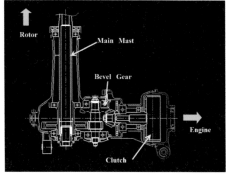

※ 주 로터 변속기(Fuel system)

5. 연료 계통(Fuel System)

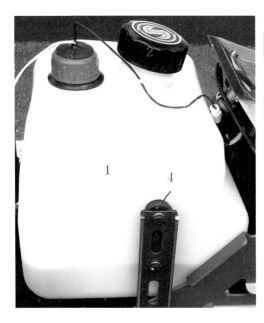

① FUEL TANK
   (Capacity= 8 liter, 비행시간= 40분)
② FUEL CAP
③ FUEL CAPACITY SENSOR
④ FUEL TANK GUIDE
⑤ FUEL PUMP

6. 테일 계통

① TAIL BOOM
② LOCKING PIN BASE
③ DRIVE SHAFT BEARING HOLDER
④ DRIVE SHAFT
⑤ DRIVE SHAFT COUPLING
⑥ TAIL SERVO GUIDE
⑦ TAIL PITCH CONTROL LOAD
⑧ GPS
⑨ TAIL SERVO
⑩ TAIL SERVO LINKAGE
⑪ MAGNETIC SENSOR

① TAIL ROTOR SPINDLE   ⑦ TAIL PITCH SLIDER
② TAIL GRIP HOLDER   ⑧ TAIL PITCH GAGE
③ TAIL GEAR SHAFT   ⑨ TAIL BLADE
④ TAIL GRIP BRACKET   ⑩ SUPPORTING BAR
⑤ TAIL PITCH LINKAGE   ⑪ TAIL FLOW METER
⑥ TAIL PITCH LINK   (초기치 = 1/2)

7. 착륙장치 계통

① LANDING GEAR
② SKID PIPE
③ WHEEL

8. 항전 계통

① FCC BOX
② IMU
   (3축 자이로 센서로서 HOVER 상태를 유지)
③ BATTERY
④ LCD PANNEL
⑤ START RELAY

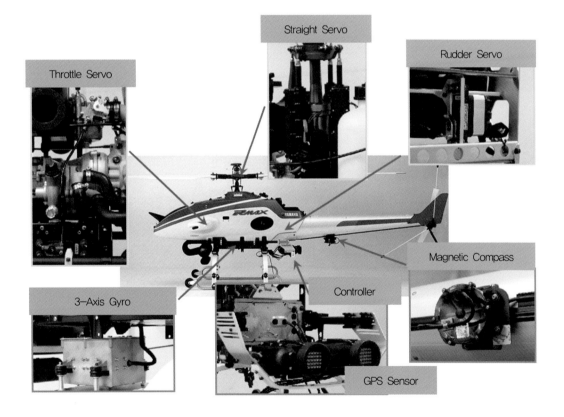

9. 살포장치

1) 액제 살포장치

	살포 용량	8L/ha
액 제 살 포 장 치	비행속도	10~20km/h
	비행고도	3~4미터
	살포폭	7.5미터
	노즐 개수	4개(7.5mm)/8개(과수용)
	탱크용량	24리터(탱크 한 개에 12리터) - 1만평 방제분

▶ 붐의 길이는 1.9m로 접을 수 있어 이동 시 간편
▶ 농약 살포 폭 7.5m
▶ 간단하게 입제 살포장치로 바꾸어 부착 가능

2) 입제 살포장치

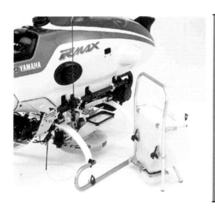

	살포재료	8L/ha
입 제 살 포 장 치	비행속도	10~20km/h
	비행고도	3~4미터
	살포폭	7.5미터
	탱크 적재량	21kg(10.5kg/탱크)
	장치중량	7kg

03 무인헬리콥터 운용

CHAPTER

1 | 개요

  항공방제의 무인 헬리콥터와 무인 멀티콥터의 관계는 시기적으로 헬리콥터가 먼저 시행되다가 멀티콥터로 넘어 오게 되었다고 해도 과언이 아니다. 그러나 현재에도 헬리콥터의 영역과 멀티콥터의 영역은 분명히 공존하고 있다. 따라서 본 교재에서는 헬리콥터와 멀티콥터의 공통부분은 멀티콥터에서 다루기로하고 여기에서는 헬리콥터와 멀티콥터의 차이점과 헬리콥터의 영역에 대해서만 기술하겠다.

2 | 항공방제 시 무인 헬리콥터와 무인 멀티콥터의 차이점

상대적인 차이점이지만 비교해 보면 다음과 같다.

분야	헬리콥터	멀티콥터
형상		
가격	고가(약 2억)	저렴(약 15~20백만원)
기체크기	크다	작다
조작	어려움	간단
에너지원	엔진 휘발유	충전용 배터리
약제 탑재량	16~24kg	10~20kg
하향 풍	강하다	약하다
1회 비행시간	약 40분	약 15분
1일 작업능력	많다(50ha)	적다(30ha)

IV

방제용
멀티콥터 운용

1. 기본 구조 및 형상
2. 조종기 및 GCS구성
3. 비행 방법
4. 비행 제어시스템 원리
5. 배터리
6. 전동 Motor와 변속기

01

CHAPTER

기본 구조 및 형상

1 │ 멀티콥터의 Mix Type

1. Mix Type

멀티콥터의 구조 및 형상 특징은 대부분 회전날개가 짝수이며, 좌우 대칭형 구조이다. 날개 개수에 따른 다양한 Mix Type이 있다. 방제용 멀티콥터의 경우 Mix Type별 비행성능(직진성)과 노즐의 위치에 따른 방제효과(살포 폭, 비산 율 등)의 차이가 발생한다.

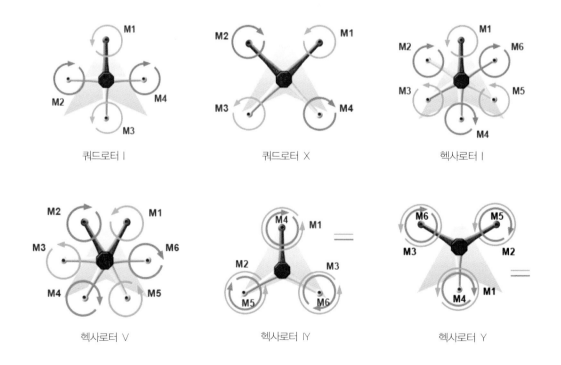

쿼드로터 Ⅰ　　　　　쿼드로터 Ⅹ　　　　　헥사로터 Ⅰ

헥사로터 Ⅴ　　　　　헥사로터 ⅠY　　　　　헥사로터 Y

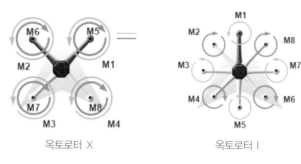

| 옥토로터 X | 옥토로터 I | 옥토로터 V |

🐝 멀티콥터의 Mix Type

2 | Mix Type에 따른 기체 분류

1. 쿼드콥터(Quad-copter)

🐝 +(십자형) 쿼드콥터 : ZOOMLION

🐝 ×(엑스자형) 쿼드콥터 : Space GCT

2. 헥사콥터(Hexa-copter)

🐝 순돌이 드론

3. 옥토콥터(Octo-copter)

🐝 DJI(좌)와 반디(우)

3 | 멀티콥터의 구조

멀티콥터를 크게 분류하면 프레임[메인프레임, 암(붐), 착륙장치(스키드, 랜딩기어)], 변속기, 모터, 로터, 배터리, 임무탑재 장비 등으로 구성되어 있다.

1. 프레임

1) 프레임의 재질

프레임은 기체의 동체를 구성하는 부분으로 메인프레임(몸통), 암(붐), 착륙장치(스키드, 랜딩기어) 등이 있다. 기체 프레임 세팅에서 가장 중요한 것은 소재선택과 무게중심 찾기이다. 멀티콥터에 주로 사용되는 프레임 소재는 카본Carbon, 알루미늄Alumen, 유리섬유Glass Fiber, 나무, EPPExpanded polypropylene 등 매우 다양하다. 그중 가장 많이 사용하는 소재는 카본이다.

🐝 헥사콥터 카본 프레임

2) 카폰의 구성과 성질

카본은 원소기호 C(탄소) 섬유를 다양한 방법으로 직조하여 에폭시 등 합성수지와 함께 고열과 고압에서 가공하여 완성한다. 철보다 무게가 가볍고, 강도, 내열성, 탄성이 매우 뛰어나다.

탄소 C는 전도체로 전기가 통하는 재질이다. (예: 샤프심이 전기가 통하는 것과 같다) 카본 프레임에 +, - 단자가 닿도록 납땜하거나, 노출 시켰을 경우 프레임에 전기가 통하면서 위험한 상황이 발생할 수 있다.

또한, 안테나에 간섭을 하여(전파를 차단할 수도 있음) 비행 불능 상태가 될 수 있으니, 반드시 절연처리에 유의해야 한다.

2. 모터

모터의 종류에는 브러시Brushes 모터와 브러시리스Brushless 모터 두 종류가 있다. 브러시 모터는 마찰에 따른 에너지 손실, 소음, 마모 등 단점 있어서 주로 브러시리스 모터를 사용한다.

브러시리스 모터는 반영구적, 유지보수 적음, 고속회전 가능, 경량화 가능하다는 장점이 있다. 브러시리스 모터는 3개의 선에 순차적으로 전류를 공급하여 회전을 발생시킨다. 그래서 3개의 순서를 바꿔주어 회전 방향을 쉽게 조정한다.

모터는 CWClock Wise/시계방향와 CCWCounter Clock Wise/반시계방향로 방향을 표시한다.

📷 멀티콥터용 브러시리스 모터

3. 변속기(ESC : Electronic Speed Controller)

1) 변속기의 구조와 기능

변속기는 모터에 들어가는 전류를 조절하여 모터 회전 속도를 제어한다. 드론에 사용되는 브러시리스 모터에는 3개의 전선을 사용하는데, 2개는 전원, 나머지는 신호 입력 등으로 3개의 전선에 순차적으로 전류를 공급한다. 그래서 3개의 전선 순서를 바꿔주어 회전 방향을 쉽게 조정한다.

변속기는 모터가 허용하는 최대전류를 처리할 수 있어야 하며, 허용 가능한 전류를 10~80A 등 표시한다.

■ 전자변속기(ESC)

2) 변속기의 세팅

변속기는 제작사마다 각기 다른 방법(부저의 길이, 횟수 또는 별도의 세팅기 등)으로 다양한 세팅을 할 수 있다. 변속기 세팅 시 반드시 세팅방법을 숙지하고 완벽하게 세팅 후 비행한다. 변속기는 냉각이 매우 중요하다. 대부분의 변속기는 로터에서 발생하는 하강 풍 또는 모터내부가 팬 구조로 되어있어서 암(붐) 안에서 공기를 빨아내는 방식인 "강제 공랭식"을 사용한다.

4. 로터

1) 로터의 소재와 특성

　　로터의 소재는 카본, 나무, 플라스틱 등 다양하다. 형태는 일체형과 접이식이 있다. 멀티콥터에 거의 대부분 사용되는 카본 로터는 가볍고 튼튼하며 유연한 장점이 있다. 하지만 비용이 비싸다는 단점도 있다. 카본 로터 중에서도 속을 나무로 채우는지, 유리섬유로 채우는지에 따라 다른 특성을 가진다.

🎞 카본/나무 소재 로터

2) 로터의 관리방법

　　접이식 로터는 이동 시 간편하게 접어서 이동할 수 있는 장점이 있지만, 허브와 블레이드의 볼트결합 긴장도, 테프론 와셔의 상태를 지속적으로 관리해야 일정 수준 이상의 성능을 낸다.

　　이 부분의 관리가 소홀할 경우 모터에서 발생하는 진동이 심해진다. 기본적으로 기체 이동 시 로터는 모터에서 분리하거나, 접어서 안정된 상태로 고정한 다음 이동한다. 실제로 이동 중에 차량 문에 끼거나, 옷에 걸리면서 파손되었던(끝이 깨진) 로터가 비행에 사용되어 비행 중에 로터가 반으로 접혀 추락한 사고사례가 있었다.

5. FC(Flight Controller)

FC의 구성은 MCMain Controller, PMUPower Management Unit, IMUInertia Measurement Unit, GPSGlobal Positioning System, 수신기Receiver, 장애물 회피 레이더, LED 등이 있다.

🎞 FC(DJI, A3 PRO)

02 / 조종기 및 GCS구성

CHAPTER

1 | 조종기

조종기(송신기)는 1:1로 연결된 수신기에 명령Command을 전파로 송신하는 장치이다. 조종 스틱 방향에 따른 채널설정, RC서보미터의 중립위치, 채널의 기능정의, 비행기록, 레버기능 설정 등 여러 가지 비행조작 설정이 가능하다.

1. 방제용 조종기의 종류

1) DJI DataLink 3

DJI사의 데이터링크 3는 FC와 S-BUS 프로토콜을 사용하며, 최대 조종거리 4km(FCC), 조종기 배터리의 운용시간은 최대 15시간이다. 주로 농업, 매핑, 항공촬영 등 다양한 전문산업 현장에서 사용된다. 데이터링크 3의 주파수는 2.4GHz를 사용하며, FHSS(주파수 도약 확산 스펙트럼 방식)기술을 적용해 신호 간섭을 효과적으로 줄여준다. 또한 USB를 통해 모바일 기기에 연결하여 전용 앱인 DJI GS Pro 또는 DJI MG를 이용하면 다양한 작동 모드를 효율적이며 간단하게 사용할 수 있다.

📷 DJI사의 Data Link 3, 조종기
(사진 : DJI Store)

조종기에는 12개의 물리적 입력 장치가 있다. 조종스틱, RTH 버튼, 트랜스포메이션 스위치, A 버튼, B 버튼, C 버튼, D 버튼, C1 버튼, C2 버튼, 짐벌 피치 다이얼 등의 입력장치로 구성되어 있다.

데이터링크 3 조종기의 특징은 방제 현장에서 물, 약품, 흙먼지 등에 쉽게 오염될 수 있는 조종기를 위해 고무 소재의 방진 스틱 크레이들이 장착되어 있다. 조종 시 고무가 접히는 과정에서 스틱 조작감이 뻑뻑하다는 이질감을 느낄 수 있지만 누구나 금방 적응할 수 있는 정도이다.

🎖 고무 소재의 방진 스틱 크레이들

Futaba 조종기 등 다른 조종기에 비해 데이터링크 3 조종기의 장점은 농사 및 매핑을 위한 DJI MG와 DJI GS Pro 두 개의 전문가용 앱과 호환된다. 또한 고성능 GPS 모듈, 고정밀 RTK 포지셔닝 모듈 등의 확장 장치를 통한 업그레이드가 가능하다. 제어 거리는 4km로 대부분의 산업적 작업에 활용하기 적합하고 조종기 버튼 기능을 원하는 대로 설정할 수 있는 점 또한 좋다.(출처 : DJI)

2) Futaba 14SG

세계적으로 많은 유저들이 사용하는 Futaba사의 조종기들은 무선 통신 품질과 신뢰성이 우수하기로 유명하다. 14SG 모델은 비행기, 헬기, 멀티콥터 등 다양한 레저용 RC 조종기로 사랑받는 모델이다. 교육, 촬영, 측량, 방제 등 전문적인 드론산업 분야에서도 꾸준히 사용되고 있다.

FASSTest, FASST 및 S-FHSS 프로토콜을 사용하며, 14채널이다. 조종기 옆면과 뒷면에 편안한 고무 소재의 손잡이가 있다. 배터리는 탈착식이며 6V 1800mAh NiMH 배터리를 사용한다. 다양하고 정밀한 세부설정이 가능한 것, 선택과 설정이 직관적이고 빠르다는 점이 큰 장점이다.

Futaba사의 14SG(사진 : Futaba)

3) GRAUPNER/SJ MZ-18 AG

GRAUPNER/SJ사의 MZ-18 AG는 빠른 응답속도를 자랑하는(9ms/4096 Resolution) 리스펀스와 최대 통달 레인지(Over 2Km/8ch 이상 수신기)를 사용한다. 농업용 방제 드론에 최적화된 흙먼지에 강한 벨로우즈 방식의 스틱 크레이들을 사용했다. 2.4GHz 주파수의 HOPPING TELEMETRY TRANSMISSION(HoTT) 양방향 HOPPING방식을 채택하여 송수신기가 75개 주파수를 이동하며, 외부의 주파수의 혼신을 방어하여 먼 거리에서도 우수한 송, 수신 성능과 텔레메트리 통신이 가능한 기술을 사용한다. (출처 : ravenfury.com)

🎞 GRAUPNER/SJ사의 MZ-18 AG (출처 : ravenfury.com)

2. 조종기 취급 시의 주의사항

① 비행 중에는 송신기 안테나를 절대로 잡지 않는다. (송신출력이 극단적으로 저하된다)

② 다른 2.4GHz 시스템 등에서 노이즈의 영향으로 전파가 닿지 않는 경우 사용을 중지한다.

③ 레인지 체크 모드 상태에서는 절대로 비행을 하지 않는다. (리 테스트 전용의 레인지 체크 모드의 경우, 비행 범위가 좁아지므로 추락의 위험이 있다)

④ 조작 중, 송신기를 다른 송신기나 휴대전화 등의 무선장치에 접촉시키거나 가까이 하지 않는다.(오작동의 원인이 된다)

⑤ 비행 중 안테나 끝부분을 기체 방향으로 향하지 않는다.(지향성이 있어 송신출력이 제일 약해진다. 안테나 옆 방향에서 전파가 최대로 출력된다)

⑥ 비행 중 또는 엔진/모터 작동 중에는 절대로 스위치를 ON/OFF 하지 않는다. (조작이 되지 않고 추락할 위험성이 있다. 전원 스위치를 ON으로 하여도 송신기의 내부 처리가 종료될 때까지 전원은 켜지지 않는다)

⑦ 후크 밴드를 목에 채로 엔진/모터의 스타트 조작을 하지 않는다.(후크 밴드가 회전하는 로터 등에 말려 들어가면 크게 다칠 수 있다)

⑧ 피로하거나 병이 있을 때, 음주 등으로 취했을 때는 비행하지 않는다. (집중력이 떨어져 정상적인 판단이 되지 않고, 뜻하지 않는 조작으로 추락할 수 있다.

⑨ 전파의 혼선과 장애물 등으로 추락이 예상되는 장소에서는 비행하지 않는다.

⑩ 사용 중과 사용 직후에는 엔진, 모터, FET 변속기 등은 만지지 않는다. (온도가 높아졌기 때문에 화상의 위험성이 있다)

⑪ 안전상, 반드시 페일세이프 기능을 설정한다.

⑫ 비행 시에는 반드시 송신기의 설정화면을 홈 화면으로 확인하고 터치키 잠금을 설정한다. (비행 중 실수로 설정 입력을 잘못하면 매우 위험하다)

⑬ 비행 전에는 반드시 송수신기의 배터리 잔량을 확인한다.(조종기별 배터리의 타입, 정격전압, 용량을 확인하여 사용한다)

⑭ 조종기 설정을 조정할 때는 필요한 경우를 제외하고 메인 배터리 배선을 분리한 상태에서 조정한다.

⑮ 비행 중에는 절대로 안테나를 손으로 잡거나 금속 전도성이 있는 것을 부착하지 않는다. 이동 시 안테나 부분을 잡고 이동하거나 당기지 않는다.

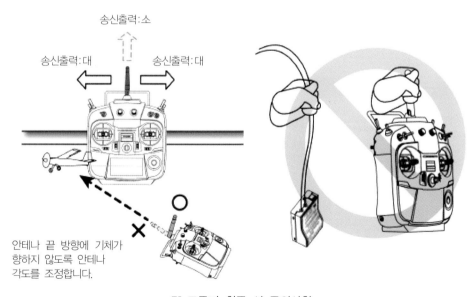

송신출력:소

송신출력:대   송신출력:대

안테나 끝 방향에 기체가
향하지 않도록 안테나
각도를 조정합니다.

🎞 조종기 취급 시 주의사항

2 │ 수신기와 전파

수신기는 조종기에서 받은 명령 신호를 FC로 전달함으로써 멀티콥터가 명령에 따라 비행하게 된다. 조종기와 수신기 통신에 사용되는 전파는 일반적으로 2.4GHz 주파수를 사용한다. 2.4GHz를 이용하기 전 73MHz를 사용하던 시절에는 동일 채널의 간섭 가능성이 매우 높았다. 현재는 이러한 여러 문제점들을 기술로 보완하여 안정적으로 사용하고 있다.

1. 2.4GHz 무선통신기술의 장점

① 주파수를 자동적으로 할당할 수 있다.
② 채널 상호간 간섭을 자동으로 피하기 때문에 자동으로 주파수 호핑Hopping을 한다.
③ 파장이 매우 짧아 때문에 송수신 안테나를 대폭 단축할 수 있다.
④ 파장이 짧다는 것은 지향성이 강해진다는 것으로, 조종기와 기체 사이에 다소 간의 장애물이 있으면 전파가 기체까지 도달하지 못하는 문제가 발생한다.

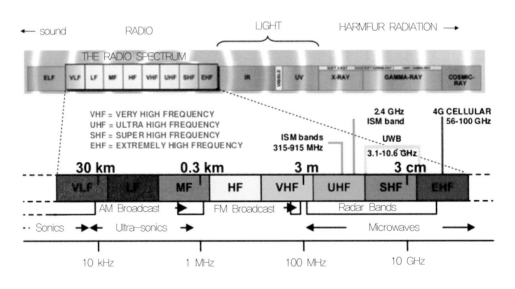

🎞 영역별 무선 주파수의 종류

3 | 송수신기의 채널

　조종기(송신기)의 채널 옵션은 다양하다. 일반적으로는 6채널 조종기, 8채널 조종기 및 10채널, 또는 그 이상 채널을 가진 조종기가 있다. 조종기 채널의 선택은 비행 목적에 적합한 채널 수 조종기를 선택하는 것이 올바르다.

　드론 조작에 필요한 채널은 기체 고도의 상승과 하강을 담당하는 **스로틀**Throttle, 좌우 기동을 담당하는 **에일러론**Roll, 전 후진 기동을 담당하는 **엘리베이터**Pitch, 기수 회전을 담당하는 **러더**Yaw 등 최소 4채널 이상을 필요로 한다. 드론의 목적이 항공방제일 경우 약제 살포 장치의 On/Off 채널, 항공촬영일 경우 카메라 짐벌 제어를 위해 **팬**Pan, **틸트**Tilt, **요**Yaw 채널이 필요하여 적어도 8채널 이상의 조종기와 수신기가 적절하다.

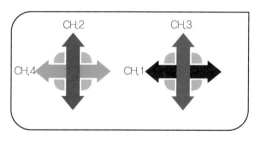

모드 1

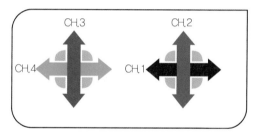

모드 2

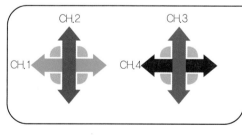

모드 3

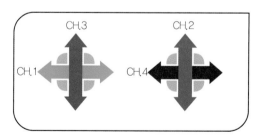

모드 4

　🎖 조종채널에 따른 조종방법

2. 비행모드 변경 채널

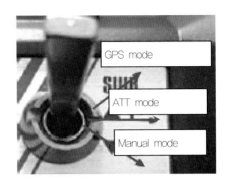

① Manual Mode(수동모드) : 모든 자세제어 센서가 OFF된 상태로 조종자가 감각으로 직접 조작하는 비행모드이다.

② Attitude Mode(자세모드) : 기체의 수평 자세를 자동으로 유지시켜주는 비행모드이다.

③ GPS Mode(GPS모드) : 기체의 수평 자세를 자동으로 유지시켜주며, 조종자가 조작하지 않아도 제자리 비행이 가능한 비행모드이다.

3. 임무장치 제어 채널

① 농약 살포장치 제어

② 접이식 착륙장치 제어

③ 카메라 짐벌Gimbal 제어

4 | 송수신 거리

조종기와 수신기의 송수신 거리는 전파의 세기에 따라 제한된다. 일반적으로 50m 부터 멀리는 4km 까지 미치지만, 송수신 거리를 확장하기 위해서는 전력증폭기 및 안테나를 사용하여 제어거리를 늘릴 수 있다. 드론에서 일반적으로 많이 사용되는 무선 주파수는 2.4GHz ~ 2.4835GHz이다. 이론상 장애물이 없고, 간섭이 없는 조건에서는 최대 4~7km까지 송수신 가능하다.

5 | GCS 시스템

지상국 시스템 GCSGround Control Station은 드론이 비행 중일 때, 지상에서 임무 전체를 육안으로 확인할 수 있는 것(가시권 비행)과 육안으로 확인이 불가한 것(비가시권 비행)에 관계없이 전반적인 비행을 통제하는 시스템의 총칭이다. 유인항공기에서는 탑승한 조종사가 업무를 수행하지만, 무인항공기는 GCS와 조종자가 그 역할을 수행한다. 지상의 조종사가 비행 상태를 판단할 수 있는 모든 정보가 지상비행제어 표시장치에 나타나야 한다. T형 조종실 계기판과 같이 속도, 자세, 고도가 가로로 각각 표시되고 자세계기 아래에 비행방위가 표시되기도 한다. 비행방위 왼쪽에 선회와 경사 그리고 오른쪽에 상승률이 표시된다. 이와 같은 필수 계기 외에도 항법보조를 위하여 지도와 연동된 경로 표시도 필요하다. 무인항공기 요소들의 고장여부를 판단하기 위한 각종 센서의 측정치가 정상, 비정상을 판단하기 쉽도록 배치한다.

📷 콘솔형과 이동형 GCS 통제소

지상의 조종사가 직접 조종하는 경우에는 실시간으로 표시되고, 조종간의 움직임도 실시간으로 무인항공기에 전달되어야 한다. 자율비행으로 운항 중인 경우에는 조종사가 무인항공기에 집중하지 않을 수 있으므로 사전에 판단해야 할 상황을 예상하여 경고음과 함께 화면으로 판단을 기다린다는 정보를 나타내야 한다. 비행 조종장치를 통해 조종사는 비행 전 점검 및 항공기의 성능(파일럿 카메라에서 들어오는 동영상 포함)을 점검 할 수 있으며, 조이스틱으로 통해 항공기를 조종할 수 있다. 수동 비행 모드에서 항공기는 수동 조작에 따라 조종된다.

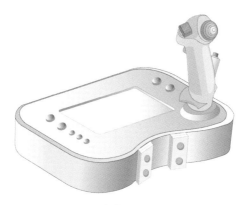

🎯 GCS 비행조종기의 형상

5 | 농업용 GCS 사례(일본, 자동살포 시스템)

대표적인 농업용 GCS 사례로 일본에서는 풍해나 재해로부터 농작물을 지키려는 목적으로 전국 해안가를 중심으로 송림을 심고 있다. 하지만 소나무 해충에 의한 피해규모가 1979년도에만 약 243만 평방미터로 최고치를 기록했다. 이후에도 매년 약 48만 평방미터의 피해가 발생하였다. 이 상태가 계속되다면 농작물 생산에 막대한 피해가 발생하게 된다고 판단했다. 이로 인한 해충 피해를 막고자 유인 헬리콥터나 지상에서 대형 방제기를 통해 약제를 살포했다. 근래에는 작업 위험도와 많은 비용 때문에 유인 헬리콥터로 살포하는 기업들이 감소하면서 무인 헬리콥터 수요가 증가했다. 하지만 논, 밭과 같은 평지와는 달리 소나무 높이는 20m 정도가 되기 때문에 고소작업차량에 조종사가 탑승하여 가시권 내에서 조종하여 살포한다. 그래서 상당히 고도의 조종기술이 필요로 할뿐만 아니라 효율이 떨어져 충분히 활용되기에는 어려움이 많았다.

이러한 문제점을 해결하고자 GCS를 통해 무인 헬리콥터가 사전에 입력된 고도와 경로를 따라 자동비행하는 살포 시스템 연구를 진행하고 있다. 이 시스템은 먼저 무인 헬리콥터에 탑재된 레이저 스캐너를 통해 3차원 지도를 작성하고, 지도상에서 비행루트를 설정한 다음 자동으로 살포하는 방식이다. 이 시스템의 완성으로 지금까지 살포가 어려웠던 산간지대의 과수원 등의 살포도 기대할 수 있게 되면서, 무인 항공방제의 활용도는 더욱 확대되고 있다. 농업용 GCS 개발을 통해 향후 광범위한 지역 또는 취약 지역에서 무인항공 농약살포 시장은 이용 가치가 더욱 높아질 것으로 기대하고 있다.

03 비행 방법

CHAPTER

1 | 조종키의 용어 정리

구분	고도 상, 하	좌, 우 방향전환	전, 후진	좌, 우 이동
현 멀티콥터	Throttle	Rudder	Elevator	Aileron
헬리콥터	Collective	Prdal	Cyclic pitch	
정확한 멀티콥터 용어	Throttle	Yaw	Pitch	Roll

2 | 조종법(Mode2 기준)

1. 스로틀(Throttle)

기체 고도의 상승과 하강

🏁 스로틀

2. 요우(Yaw) <러더, Rudder>

기수의 좌/우 회전

🔌 요우

3. 피치(Pitch) <엘리베이터 : Elevator>

기체의 전/후 기동

🔌 피치

4. 롤(Roll) <에일러런 : Aileron>

기체의 좌/우 기동

🔌 롤

04 / 비행 제어시스템 원리

CHAPTER

1 | 개요

비행제어 시스템FC, Flight Controller은 조종자가 지시한 명령을 해석하고, 내장된 여러 센서들이 안정적인 비행이 가능하도록 드론의 두뇌 역할을 한다. FC는 GCS를 통해 사전 입력된 경로를 따라 의사결정 및 비행제어를 하면서 자율비행이 가능하게 한다. 기체 자세를 제어하는 계측제어 시스템에는 GPS, 자이로센서, 가속도센서, 기압센서, 장애물 회피 레이더 등이 있다.

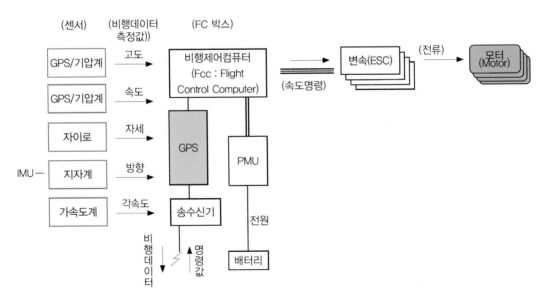

비행제어시스템 각 부품의 명칭과 기능

2 | FC의 구성요소

1. 관성계측 장치(IMU)

멀티콥터가 복수의 로터에서 만들어내는 양력 및 반토크를 이용하여 비행하는 경우, 이론 상 각 로터의 회전수를 동일하게 했을 때 기체는 수평을 유지해 호버링Hovering을 한다. 하지만 모든 로터의 회전수를 동일하게 했다 하더라도 실제 비행에서는 동체에 대한 로터의 미세유격, 바람 등과 같은 외부 영향으로 인해 각 로터가 만들어내는 양력의 크기나 방향이 동일하지 않게 되어 순간적으로 균형을 잃고 뒤집어질 수 있다. 이러한 전복을 방지하기 위해서는 가속도제어와 자세제어가 필수이다. 일반적으로 드론의 가속도제어와 자세제어에는 관성계측장치(IMUInertia Measurement Unit) 및 자기센서 등이 이용된다.

1) IMU의 종류

① 3축 IMU : 3축 자이로스코프로 구성된다.

② 6축 IMU : 3축 가속도계 + 3축 자이드로스코프

③ 9축 IMU : 3축 가속도계 + 3축 자이로스코프 + 3축 방위계

④ 10축 IMU : 3축 가속도계 + 3축 자이로스코프 + 3축 방위계 + 기압계

2) IMU의 내부 구조

📷 IMU 내부 사진(자료 : D WORKS LAB)

2. PMU(Power Management Unit)

PWU는 배터리로 입력전압(7.4V~26V)을 FC 각각의 장치에 맞게 전압을 변경 후 전원을 출력해주는 장치이다. 세팅 시 주의할 점은 열이 많이 발생하므로 바람이 잘 통하는 곳에 설치해야 한다.

　　TAROT사의 PMU

3. GPS

GPS는 근래 드론이 비약적으로 성장하는 계기가 된 중요한 기술 중 하나이다. 드론에 사용되는 GPS는 크기, 중량, 소비전력, 가격 등 다양하지만, 가장 우선적으로 고려해야할 부분은 드론 비행성능에 큰 영향을 미치는 GPS 위치정보의 정확성이다.

GPS 시스템의 원리는 미국이 우주로 쏘아올린 복수의 인공위성이 보는 신호에는 그 위성의 위치와 송신시각 정보가 포함되어 있다. GPS 수신기가 그 신호를 수신함으로써 정보를 바탕으로 3차원 위치를 계측하여 자신의 위치를 계산하는 시스템이다.

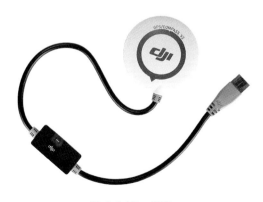

　　DJI FC, GPS

GPS는 가까운 장소에 많이 활용된다. 수신기는 자동차의 카내비게이션이나 스마트폰에도 내장되어 있다. GPS는 전파의 지연을 이용해서 현재 위치를 해석한다.

우주 공간에서 지구 둘레를 회전하는 GPS 위성은 지구를 향해 항시 정확한 시간 신호를 전파로 보내고 있다. 전파는 빛의 속도로 나아가지만, 위성과 지구상에서는 거리가 멀리 떨어져 있어 지구상의 위치에 따라 시간 신호의 수신에 지연이 발생한다. 복수의 GPS 위성에서 각각 시간 신호를 받으면, 그 거리의 차이로 시간차가 발생해 제각각 도착하게 된다. 그 차이를 해석해서 현재 위치를 산출하는 것이 GPS이다.

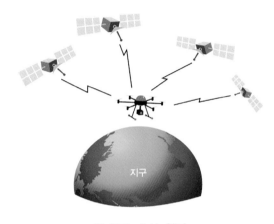

지구

※ GPS 수신 원리

GPS 자체는 위성에서 일방적으로 신호를 받는 것만으로 GPS 수신기에 위치 정보가 보내지는 것은 아니다. GPS에서는 지구상의 좌표나 고도를 측정할 수 있다. 위치정보를 얻기 위해서는 최저 4개 이상의 GPS 신호를 받아야 한다. GPS는 수신하는 신호의 수가 많을수록 정확히 위치를 산출할 수 있다. 우주공간에는 현재 30개 이상의 GPS 위성이 떠다니고 있다. 그 중, 수신기의 상공에 있는 GPS 위성이 발신하는 신호를 받는 것인데, 최근의 멀티콥터에 탑재되는 GPS 안테나는 고성능이기 때문에 6에서 15개의 신호를 동시에 수신할 수 있다. 멀티콥터의 대부분은 GPS 안테나를 탑재하고 스스로 위치를 산출함으로써 자동적으로 공중 위치에서 정지할 수 있게 된다. 이것은 조종자의 부담을 줄여주는 반면, GPS 신호를 바로 수신할 수 없는 경우에는 예기치 못한 동작을 하는 경우가 있어 주의가 필요하다.

GPS의 그 성능은 멀티콥터의 비행은 물론, 우리의 생활에서 없어서는 안 될 기술이 되었다. 그러나, 한 가지 큰 단점은 실내에서 신호를 수신할 수 없다는 것이다. GPS 신호는 직진성이 높고, 반사에 의한 신호는 오차가 발생하게 되어 수신할 수 없다. 그러므로 열린 장소가 아니면, 제대로 신호를 받을 수 없다. 높은 건물이 많은 장소도 수신상태가 나빠진다. 또, 기후의 영향도 받기 때문에 구름층이 두터운 장소에서는 GPS 정밀도가 떨어진다고 하는 문제도 있다.

GPS 시스템을 활용한 기능에는 드론이 공항주변의 관제권 또는 비행금지구역으로 침입할 경우, 들어오지 못하도록 방어하는 지오 펜스geo-fence 기능을 설정할 수 있다.

이론적으로 GPS수신기는 적어도 4개의 GPS위성신호를 수신해 3차원 위치를 특정할 수 있다. 하지만 GPS신호는 매우 약해서 실내환경에서는 거의 사용할 수 없고, 실외라 하더라도 험준한 산속 계곡이나 협곡, 다리 아래 등의 환경에서는 사용하지 못하는 경우가 있다. 이런 환경을 GPS거부환경 또는 비非GPS환경이라고 한다.

도시환경에서는 GPS 신호가 고층빌딩의 구조물에서 반사되어 미세하게 다른 길이의 경로를 통해 같은 신호를 여러 번 수신하는 경우가 있다. 이것을 멀티패스 전파라고 하는데, 일반적으로 위치계산 오차를 증가시킨다. 이와 같은 환경을 GPS 취약환경이라고 한다. 가장 좋은 환경이라도 전리층電離層효과, Ephemeris 오차, 위성클록 오차 등, 몇몇 오차를 유발하는 요인이 섞여 있다. 이런 오차들은 GPS베이스의 위치추적 정확도를 크게는 10m까지 감소시킨다. 또한, 태양 흑점 폭발로 인한 플레어(flare) 현상으로 지구 자기장 수치가 높아지면 무선 통신의 전파방해 발생으로 신호단절 가능성이 높다.

4. 지자기 방위센서 교정작업(Magnetic Compass Calibration)

1) 주의사항

① 우측을 상 방향으로 하여 평평한 장소에 위치시킨 후 배터리를 연결한다. 10초간 기체를 움직이지 않은 상태에서 배터리를 연결하여 초기화한다.

② Calibration을 실시할 동안에는 주변에 전자기석의 간섭이 없는 장소에서 실시한다. 즉, 근거리에 자동차나 철재 펜스 등이 있는 주차장은 적합하지 않다. 이런 철재 물체로부터 15m 이상 이격되는 장소에서 실시하는 것이 좋다.

③ 차량 열쇠, 휴대폰 등도 주머니에서 제거한 후에 실시한다.

2) 실시방법

통상 조종기 비행모드 변경 토글 스위치를 8번 정도 up-down을 반복하면 Calibration 모드로 진입하게 된다. 그때 기체를 들어서 수평으로 한 바퀴 돌아 등의 색이 변하면 다시 수직으로 세워서 한 바퀴 돈다. 완료가 되면 등은 정상 GPS 또는 자세모드 표시를 하게 된다.

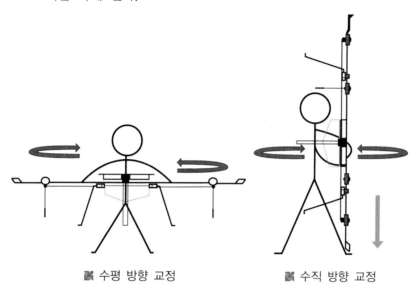

🎇 수평 방향 교정　　　　　　🎇 수직 방향 교정

5. 고도센서

절대고도를 얻기 위해서는 기압계를 사용하며, 지표로부터의 상대적인 높이를 얻기 위해서는 초음파 거리계를 사용한다.

🎇 DJI. 지형감지 및 충돌방지 레이더 AG V2.0(출처 : DJI)

6. 메인컨트롤러(Main Controller)

수신기 정보를 바탕으로 제어되며, 각각의 센서(가속도계, 자이로스코프, 관성측정 장치, 나침반, 기압계, GPS)에서 받은 정보를 처리한 다음 각각의 변속기로 신호를 보내어 기체 자세를 유지한다. 또한, 임무 탑재장비(촬영, 영상 송수신, 방제, 스키드 조작 등) 제어가 가능하다. 기체의 크기, 무게, 비행 목적에 맞게 기체 자세제어 Gain 값을 입력하여 기체 감도 및 자세제어 값을 세팅한다. 일반적으로 CPUCentral Processing Unit를 대부분 사용하지만, 최근에는 그래픽스나, 화상분석이 특화된 마이크로컴퓨터 GPUGraphics Processing Unit를 탑재해 사용한다.

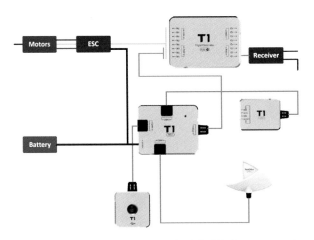

📖 Top Gun T1 FC 구성 및 배선 연결도(출처 : Top Gun)

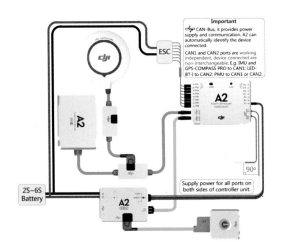

📖 DJI A2 구성 및 연결 배선도(출처 : DJI)

05 배터리

CHAPTER

1 | 개요

배터리는 드론의 에너지를 공급하기 위해 사용한다. 배터리의 용량과 효율은 비행시간과 안정성에 직접적인 영향을 준다. 현재 다른 2차 전지들과 비교했을 때 보다 나은 성능과 값이 저렴한 리튬폴리머Li-Po전지가 가장 일반적으로 사용되고 있다.

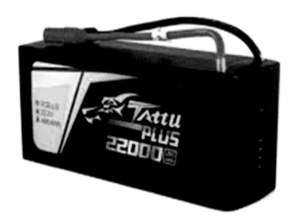

⚡ 멀티콥터용 LiPo / 22,000mAh 배터리

2 | 배터리 이해

배터리의 기본 표기사항은 전압과 용량, 셀 연결방법과 수, 내부저항 및 방전율, 충전율 등이 포함된다. Li-Po전지 단일 셀의 공식전압은 3.7V이다. 완전히 충전하면 전압은 4.2V까지 올라간다. 비행 중에는 전지가 방전되면서 서서히 잔존전압이 떨어지지만,

어느 범위에서는 나머지 전압이 배터리 잔량과 선형線形관계가 된다. 하지만 방전 후기단계에서는 전압이 급격히 떨어져 드론의 급격한 추진력 저하를 초래할 가능성이 있다.

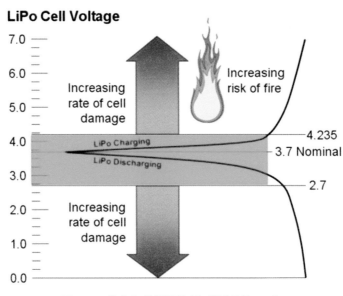

🔥 LiPo 배터리 운용범위 및 방전효율 그래프

멀티콥터가 충분한 전력 또는 용량을 갖고서 자동귀환을 할 수 있으려면 배터리의 안전한 전압 한계점Threshold을 설정할 필요가 있다. 또한 배터리가 100% 방전되면 돌이킬 수 없는 손상을 입을 수 있으므로 사전에 인지하고 방전을 진행한다.

1. 직렬, 병렬(셀 연결)

전지 셀을 직렬로 연결함으로써 용량을 바꾸지 않고 더 높은 전압을 얻을 수 있다. 반면에 전지 셀을 병렬로 조합하면 전압을 바꾸지 않고 더 큰 용량을 얻을 수 있다. 경우에 따라서는 배터리 팩에 직렬 및 병렬 양쪽을 조합하는 경우도 있다. 각각 직렬접속은 기호S, 병렬접속은 P를 의미한다. 예를 들면 1셀의 전압을 3.7V, 용량을 1,000mAh라고 했을 때, 3S2P는 3셀을 직렬로 접속한 것을 2세트로 하여 병렬로 접속(총 전압 11.1V, 용량 2,000mAh)된다.

2. 용량

밀리암페어시mAh 또는 암페어시Ah는 특정 배터리에 어느 정도의 전하가 있는지를 나타내는 지표이다. 방전능력은 떨어지는 방전 과정과 동시에 출력전압도 서서히 떨어진다. 그 결과 나머지 용량이 방전시간의 선형관계를 이루지 못한다.

3. 방전율

방전율은 다음 식으로 정의한다.

$$방전율[C] = \frac{방전전류[mA]}{용량[mAh]}$$

전지특성을 나타내려면 C값(방전율 또는 방전레이트)을 이용한 상대표시가 편리하다. 방전율이 커지면 전지의 전압이 떨어진다. 이것은 기본적으로 셀의 내부저항에 따른 전압의 하락이다.

Li-Po배터리 방전온도 특성은 방전전류는 일정하고 방전 중인 환경온도가 저온이 되면 셀 전압이 낮아지는 것을 알 수 있다. 고온 측은 20℃ 데이터와 거의 똑같다. 저온 측에서 전압이 낮아지는 원인은 셀의 내부저항이 상승한데서 기인한다. 드론의 비행에 있어서 Li-Po배터리는 이런 환경온도에 민감하다. 동절기 때나 하절기 때, 산악지대 등과 같은 환경에서는 비행고도에 적합한 주의가 필요하다.

4. 저항

배터리의 저항은 일정하지 않고 전원상태나 수명에 따라 다르다. 2차전지의 저항은 초기상태에서는 비교적 작다. 하지만 장기간 사용하면 전해액의 고갈이나 전지의 화학물질 활성레벨 저하로 인해 내부저항이 서서히 상승하면서 전지 내의 전력을 방출할 수 없는 정도까지 상승한다. 이런 경우는 전지의 수명이 다 된 것으로 볼 수 있다.

5. 에너지 밀도

에너지 밀도는 단위체적 또는 단위질량당 배터리에 저장되는 에너지양이다. 일반적으로 체적비 에너지와 질량비 에너지의 단위는 (와트×시간)/L 및 (와트×시간)/kg, 즉 Wh/L 및 Wh/kg이다.

3 | 취급 시 주의사항

가. 손상, 열화, 누액 등 이상이 있는 배터리는 충전하지 않는다.

나. 배터리를 물, 비, 바닷물, 동물의 배설물 등에 젖지 않도록 한다.(젖은 상태,
   젖은 손으로 사용하지 않고, 욕실 등 습기가 많은 장소에서 사용하지 않는다)

다. 배터리의 단자를 금속 등으로 쇼트시키지 않는다.

라. 배터리, 충전기에는 납땜을 하거나 수리, 변형, 개조, 분해를 하지 않는다.

마. 배터리를 불에 던지거나, 화기 가까이에 두지 않는다.

바. 직사광선이나 자동차의 대시보드, 스토브 등 고온의 장소나 화기 근처에서 충
   전, 보관하지 않는다.

사. 이불을 덮는 등, 열을 내기 쉬운 상태에서 충전하지 않는다.

아. 가연성 가스가 있는 곳에서는 사용하지 않는다.

자. 배터리는 비행 전에 반드시 완전히 충전한다.

차. 배터리를 과 충전, 과방전하지 않는다.

🦋 LiPo 배터리 스웰링(Swelling) 현상

4 | 충전 시 주의사항

가. 충전기를 직류전원 등 충전기 이외의 용도에는 사용하지 않는다.

나. 배터리는 반드시 전용 충전기로 충전한다.

다. 전원 플러그는 확실히 끝까지 콘센트에 꽂는다.

라. 충전기는 반드시 지정 전원 전압으로 사용한다

마. 충전기는 먼지, 습기가 많은 장소에서 보관, 사용하지 않는다.

바. 극단적으로 추운 곳이나 더운 곳에서 충전하지 않는다.(충전되는 배터리의 성능 저하 원인이 된다. 충분히 충전되기 위한 최적 온도 조건은 주위 온도가 영상 10~30도이다.)

사. 배터리 충전 시에는 항상 모니터링한다.

아. 충전이 다 됐을 경우 충전기에서 배터리를 분리한다.

과충전
(4.235V초과)

← 가장 적정한 전압은 3.7~3.85V →

과방전
(2.7V미만)

🔋 LiPo 배터리 충전 시 주의사항

5 | 보관 시 경고사항

가. 배터리를 어린이나 애완동물이 접근할 수 있는 장소에 보관해서는 안 된다.

나. 화로나 전열기 등 열원 주변에 보관해서는 안 된다.

다. 더운 날씨에 차량에 배터리를 보관해서는 안 된다. 적합한 보관 장소의 온도는 15℃~28℃이다.

라. 배터리를 낙하, 충격, 쑤심, 또는 인위적으로 합선시키면 안 된다.

마. 안경, 시계, 보석, 머리핀 등의 금속성 물체들과 같이 보관해서는 안 된다.

바. 10일 이상 사용하지 않고 보관할 경우 40%~65% 정도까지 방전시킨 후 보관한다.

LiPo
배터리의 폭발

동영상을 보시면
더 자세히 알아볼 수
있습니다!

사. 비행체를 장기 보관할 경우 기체와 배터리를 따로 구분하여 보관한다.

📷 충격으로 인한 배터리 폭발

6 | 폐기 시 경고사항

배터리 폐기는 50:50 비율의 소금물에 배터리가 완전히 잠기도록 한 후 3일을 기다리는 방법과 방전기를 연결하여 완전히 방전시키는 방법 등이 있다. 배터리를 완전 방전시킨 후 반드시 폐배터리 수거위치에 버린다. 배터리를 일반 쓰레기 용기에 버려서는 안되며, 반드시 배터리 폐기 및 재활용에 관한 규정에 따라 처리해야 한다.

📷 소금물을 이용한 배터리 폐기방법

7 | 정비 시 경고사항

가. 배터리 온도가 너무 높거나 낮을 경우 사용하지 말아야 한다.

나. 40℃ 이상의 환경에서 배터리 정비작업을 피한다.

다. 과도하게 방전시키면 배터리 셀이 손상되므로 주의해야 한다.

라. 배터리를 장시간 사용하지 않을 경우 수명이 단축된다.

8 | 해외이동 시 경고사항

여객기 내에 수화물로 가지고 들어갈 경우, 우선 완전히 방전시켜야 한다. 탑승 전에 완전히 방전될 때까지 비행을 하여 소모시킬 수 있다. 화재 위험이 없는 곳에서는 방전시켜야 한다. 비행기 화물로는 운송할 수 없으며, 기내 화물로 2개까지 보유할 수 있다.

리튬 배터리 항공운송 기준

배터리 용량 규격	휴대 수화물(기내 반입)	위탁 수화물(부치는 짐)
160Wh 이하 배터리가 탑재 된 기기 (스마트폰, 노트북, 카메라)	○	○
160Wh 초과하는 배터리가 탑재 된 기기 (스마트폰, 노트북, 카메라)	×	×
100Wh 이하 보조 배터리	○	×
100Wh 초과~ 160Wh 이하 보조배터리(1인 2개)	○	×
160Wh 초과하는 보조배터리	×	×
160Wh 이하의 배터리 가방에서 분리 가능할 때 (분리 가방 휴대·및 위탁 수화물 허용)	○	×
160Wh 이하의 배터리 가방에서 분리가 안된 경우	○	×
160Wh 초과하는 배터리가 장착된 가방	×	×

06 전동 Motor와 변속기

CHAPTER

1 | 전동 Motor

1. 개요

모터는 멀티콥터에서 가장 중요한 부품 중 하나이다. 멀티콥터는 보다 높은 응답성이 요구되므로 경량화의 관점에서 로터에 전기 모터를 사용한다. 대부분의 멀티콥터는 전기 모터이며, "브러시리스 DC모터"타입을 채용하고 있다. 직류전기를 흘리면 회전을 시작하는 모터를 브러시 모터라고 한다. 한번쯤은 이 브러시모터를 사용한 적이 있을 것이다. 브러시모터는 전기만 흘려주면 회전하기 시작하는 간편함과 단순한 구조로 여러 분야에서 활용하고 있다.

그러나, 브러시와 정류자가 기계적으로 접촉해서 마모가 일어나기 때문에 그 부분이 열화되어 전기가 흐르지 못하게 되거나 브러시나 정류자가 깎여나가 분진이 되는 문제가 있다. 대부분의 브러시모터는 정기적으로 브러시를 청소하거나 교환해주고, 모터 내부를 청소해 주어야 한다. 이러한 문제들을 해결하여 산업용 드론에 사용하는 브러시리스 DC 모터가 있다.

2. 일반적인 분류

1) 브러시 직류 모터(Brushed DC Motor)

일반적으로 주변에서 가장 많이 볼 수 있는 모터이다. 주로 완구나 컴퓨터의 USB를 이용하는 선풍기 등에 많이 사용된다. 전자석의 (+)와 (−)의 방향을 바꿔주는 부분에 브러시라는 얇은 철판이 사용된다.

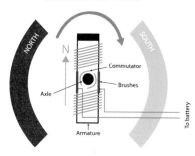

Brushed DC Motor

- 작고 가볍게 만들기에 유리하다.
- 회전력(토크)이 작고 회전속도를 빠르게 설계하기 쉬워 작은 프로펠러 장착하는 소형 멀티콥터에 적합하다.
- DC 전압을 조절하면서 회전수를 조절할 수 있어 변속기가 불필요하다.
- 브러시 부분에 마찰이 생겨 높은 전류에서 브러시와 정류자 사이에 스파크가 발생하여 수명이 단축된다.
- 브러시로 인해 수명이 있다

2) 브러시리스 직류 모터(BLDC motor: Brushless DC Motor)

모터의 수명에 영향을 미치는 브러시를 없애므로 수명을 반영구적으로 만든 모터이다.

① 구조와 특성

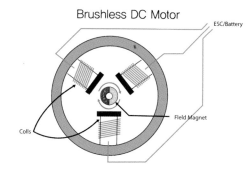

Brushless DC Motor

- 수명이 반영구적이다.
- 고장은 주로 베어링에서 발생한다
- 안전이 중요한 큰 규모의 멀티콥터에 적합하다.
- 전자석에 순차적으로 자성을 발생시키는 변속기(ESC)가 필수적이다.

BLDC 모터

② 세부 구조

(1) 커버(드럼)

BLDC 모터에서 커버(드럼)는 모터의 외부를 둘러싸고 있는 구조물로 영구자석이 배열되어 붙어 있다.

커버(드럼)와 모터 스타터

(2) 스타터

모터의 스타터는 다수의 단자에 전기코일을 감아놓은 형태로 전류의 공급에 따라 커버의 영구자석과 전기적 반응을 통해 회전을 하면서 출력단을 회전 시키는 역할을 수행한다. 즉, 전기에너지를 최종의 운동에너지로 전환시키는 역할을 한다.

스타터는 단자의 개수에 따라 22폴, 28폴 등으로 표시한다. 이 폴의 개수는 모터의 최대 회전수, 순간 회전력, 순간출력 등에 영향을 준다.

(3) 출력 샤프트

모터의 출력 샤프트(축)는 모터에 연결 된 날개(프로펠러, 로우터)와 직접 연결되어 회전에 의한 양력을 발생시켜 무인기가 비행할 수 있도록 한다.

(4) 베어링

모터 스타터의 상하부에 각각 위치한 베어링은 출력 샤프트를 수직으로 잡아주면서 모터 커버와 스타터 간의 간격을 일정하게 유지해 주는 역할을 한다.

무인기(멀티콥터)의 가동시간, 임무의 종류에 따라 일정시간 운영 시 베어링의 마모를 동반하게 된다. 베어링의 마모는 출력 샤프트의 유격을 발생시키는데, 무인기의 진동을 유발하게 되어 비행성능과 효율을 저하시킨다.

베어링 점검 시 육안검사를 통하여 마모 정도, 이상 여부를 확인하며, 기타 감각검사를 통하여 유격의 정도를 알아본다. 유격의 한계는 매뉴얼에서 제시하는 범위를 적용한다.

(5) 커터 핀

커터 핀은 모터 커버 샤프트 끝단의 고정 핀을 말한다. 커터 핀을 통하여 모터의 상하유격(커버와 스타터)을 잡아주는 역할을 한다. 모터의 장시간 사용 또는 과부하 운영조건에서 커터 핀의 마모는 빨리 진행된다. 커터 핀의 마모 진행 시 모터의 상하유격 심화된다. 이는 샤프트에 연결 된 날개의 유격으로 연결되어 무인기의 비행 성능을 저하 시키며, 커터 핀 이탈 시 날개의 이탈로 직결되어 안전상 상당히 위험한 상황에 이른다. 육안점검 및 감각점검을 통해 커터 핀의 마모정도를 알아내고, 수정 조치하는 일은 매우 중요하다.

(6) 전력선

전력선은 전류 흐름의 효율과 직결 되므로 무인기에 사용되는 전력, 모터의 출력 상관관계를 숙지하여 최적의 전력선이 선정되었는지 확인한다.

(7) 어댑터

무인기(멀티콥터)의 비행성능 및 효율은 정확한 날개의 정렬(얼라인먼트)이 중요하며, 핵심중의 하나가 샤프트의 현황, 모터의 정확한 수직 장착이다. 일관 되고 효율적인 작업을 위해서는 지그를 만들어서 점검을 하고 모터의 장착 시 활용하는 것이 바람직하다.

🔩 모터 어댑터와 마운트

③ Sine wave ECS

Square wave(BLDC방식 모터에서의 방형파 구동 형태) ECS는 전류를 모니터링 하고, 전류 차에 따라 구동을 한다. 반면 sine wave ECS는 모터의 가속 및 제동 효과를 발생시키며, 제동 효과를 나타낼 때 회수되는 에너지를 재활용 하게 된다. 그래서 Square wave(방형파) ECS와 달리 전류가 아닌 전압을 모니터링 하고, 전압 차에 의한 구동을 하게 된다.

이는 기존 Square wave(방형파)로 구동되는 ECS보다 효율성이 증가되고, ECS의 작동 중 온도가 10℃정도 낮아질 수 있다. 보다 신속해진 모터 회전 응답속도로 인해 비행 안전성이 더욱 높아지게 된다.

단, sine wave ECS를 장착 할 경우 ECS와 모터 사이 와이어의 길이 변화에 매우 민감하므로 임의로 늘리거나 자르지 말고 사용하여야 한다.

3. 구성방식에 따른 분류

1) 일체형

모터 변속기 일체형의 파워 시스템은 모터, 모터마운트, 변속기가 하나의 어셈블리 화된 부품으로 제작 당시부터 모터의 회전 방향이 정해져 있다. 간결한 디자인과, 방수/방적 시스템을 도입하는 등의 처리가 가능하게 된다, 별도의 세팅이 필요하지 않고, 디자인 세련미 등의 장점이 있지만, 일단 변속기,

☒ 모터 변속기 일체형(DJI)

모터 등의 고장이 발생하면 수리를 하기에 어려움이 있다. 또한 모터 마운트가 제작당시부터 설치되어 있기 때문에 장착 가능한 붐의 종류가 한정될 수밖에 없다.

2) 분리형

분리형은 가장 흔한 형태의 모터 변속기로, 거의 모든 종류의 범용 모터 마운트에 호환 장착된다. 구성이 매우 간단하고, 일체형 파워 시스템보다 가격이 저렴하다. 하지만 모터와 변속기의 와이어 연결 순서에 따라 모터의 회전 방향이 바뀌게 되므로 반드시 회전 방향에 대한 점검이 필요하다. 또한 연결 와이어 등이 외부로 노출되어 깔끔한 수납에 어려움이 있다. 하지만 모터 또는 변속기의 고장 시 신속하게 해당 부품만을 교체할 수 있다는 장점이 있다.

모터 변속기 분리형(hobbywing)

2. 변속기(ESC: Electronical Speed Controller)

변속기는 BLDC 모터의 방향과 속도를 제어할 수 있도록 해주는 장치이다. 비행제어 시스템의 명령 값에 따라 적정 전압과 전류를 조절하여 실제 비행체를 제어할 수 있도록 해 준다. 대부분의 변속기들은 모터를 한 방향으로 회전하도록 한다. 이때 삼상의 전원선을 교차시킴으로 모터의 회전방향이 반대가 되도록 한다.

브러시모터는 자석을 고정시켜 전기가 흐르는 코일을 회전시킨다. 브러시리스 DC모터는 그와 반대로 전기가 흐르는 코일을 고정시키고 자석이 붙어 있는 회전자를 회전시킨다. 그래서 코일에 흐르는 전기를 제어하기만 하면 회전하고, 기계적 접촉 부분을 적게 할 수 있게 되었다. 이러한 타입의 모터는 구조가 간단하고 유지보수도 필요 없지만, 코일에 흐르는 전류를 세세하게 제어해야만 하기 때문에 회전시키기 위해서는 "ESCElectric Speed Controller" 컨트롤러가 필요하게 되었다. ESC는 모터와 제어장치 사이에 접속하는데 최근의 멀티콥터 중에는 로터와 ESC가 일체화된 타입도 시판되고 있다. ESC의 역할은 브러시리스 DC모터의 코일을 제어하는 것은 물론 배터리에서 보내오는 대전류를 제어신호에 따라 그 흐름을 제한하는 역할도 한다.

전기모터를 외부에서 회전시키면 발전기가 된다는 것은 다 아는 사실이다. 코일과 자석의 움직임으로 전류가 발생하기 때문이다. 통상 전기의 의해 회전하고 있는 모터도 동시에 발전을 한다. 따라서 자연적으로 회전할수록 작은 전류로 모터를 회전시킬 수 있다. 그러나 모터의 회전을 강제적으로 멈추게 하면, 내부의 발전이 약해지고 많은 전기를 소모하게 된다. 모터는 전기가 흐르는 부분이 많아 대류가 흐를수록 발열한다.

변속기는 강제 공랭식 구조로 기체의 메인 프레임 또는 모터 아래, 붐대(암) 옆면에 통상 위치한다. 따라서 운용을 위한 점검 시 변속기 냉각에 영향을 주는 요인이 없는지, 방수가 가능한지(상황에 따라서), 신호선 및 +, − 단자가 손상 또는 부식되지 않았는지 점검을 잘 해야 한다.

변속기

V

방제용
드론의 종류

1. 국외
2. 우리나라

01 국외

CHAPTER

1 | 무인 헬리콥터

대표적인 국외 농업용 무인 헬리콥터는 일본 야마하의 RMAX를 들 수 있다.

🚁 Yamaha RMAX

🚁 Yamaha FAZER

2 | 무인 멀티콥터

국외 농업용 무인멀티콥터는 다양한 종류가 있다. 그러나 대부분 10~20리터 급이다. 그 중 다음 그림은 20리터의 대표적인 것이다.

📷 Joyance, 20L Drone

📷 OPTiM, Agri Drone

3 | 무인 비행기

국외의 농업용 무인 비행기는 농작물 생태 분석용으로 아래와 같은 기종들이 있다.

🦋 PrecisionHawk, Lancaster 5

🦋 eBee SQ, SenseFly

🦋 AgDrone, Honeycomb

🦋 UX5, Trimble

02 / 우리나라

CHAPTER

1 | 무인 헬리콥터

우리나라의 무인 헬리콥터 생산은 성우엔지니어링, 무성항공, 원신스카이텍, 골드텔 등에서 개발하였으며, 아래와 같은 기종들이 있다.

REMO-H I

REMO-H II

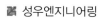
성우엔지니어링

원신스카이텍 X-Copter

골드텔

2 | 무인 멀티콥터

2016년도 이후 국내 농업용 무인 멀티콥터는 기하급수적인 수로 증가추세를 보이고 있으며 여러 업체에서 개발하여 운영하고 있다. 국내에서 개발, 운영되고 있는 멀티콥터의 종류는 다음와 같다.

🦋 반디 C1

회사명	메타로보틱스 주식회사
형식명	반디 C1
농업기계 검정번호	18-FACTMG-004
기체의 크기	1,620×1,620×580(mm)
자체중량	14kg
최대 이륙중량	24.5kg
최대 적재량	10.5L

🦋 VANDI-B1

회사명	메타로보틱스 주식회사
형식명	VANDI-B1
농업기계 검정번호	17-FACTMG-016
기체의 크기	1,300×1,300×630(mm)
자체중량	12.5kg
최대 이륙중량	18.5kg
최대 적재량	6L

🦋 VANDI-A1(입제)

회사명	메타로보틱스 주식회사
형식명	VANDI-A1(입제)
농업기계 검정번호	17-FACTMG-030
기체의 크기	1,800×1,800×780(mm)
자체중량	18kg
최대 이륙중량	28.0kg
최대 적재량	10L

VANDI-A1

회사명	메타로보틱스 주식회사
형식명	VANDI-A1
농업기계 검정번호	16-FACTMG-012
기체의 크기	1,350×1,350×777(mm)
자체중량	20kg
최대 이륙중량	30kg
최대 적재량	10L

리모팜-20

회사명	유콘시스템 주식회사
형식명	리모팜-20
농업기계 검정번호	17-FACTMG-014
기체의 크기	- (mm)
자체중량	15kg
최대 이륙중량	25.5kg
최대 적재량	10L

리모팜-10

회사명	유콘시스템 주식회사
형식명	리모팜-10
농업기계 검정번호	-
기체의 크기	- (mm)
자체중량	5kg
최대 이륙중량	13kg
최대 적재량	5L

천풍1호

회사명	농업회사법인 주식회사 대한무인항공서비스
형식명	천풍1호
농업기계 검정번호	16-FACTMG-031
기체의 크기	1,910×1,910×650(mm)
자체중량	14.9kg
최대 이륙중량	24.9kg
최대 적재량	10L

■ 천풍M10

회사명	농업회사법인 주식회사 천풍 무인 항공
형식명	천풍M10
농업기계 검정번호	18-MG-071
기체의 크기	1,610×1,810×495(mm)
자체중량	14.9kg
최대 이륙중량	24.9kg
최대 적재량	10.5L

■ AFOX-1A

회사명	주식회사 카스컴
형식명	AFOX-1A
농업기계 검정번호	18-MG-120
기체의 크기	1,730×1,730×480(mm)
자체중량	22kg
최대 이륙중량	32.0kg
최대 적재량	10L

■ AFOX-1S

회사명	주식회사 카스컴
형식명	AFOX-1S
농업기계 검정번호	17-FACTMG-025
기체의 크기	1,460×1,460×480(mm)
자체중량	10.5kg
최대 이륙중량	16.0kg
최대 적재량	4.5L

■ KAD1200

회사명	(주)한국헬리콥터
형식명	KAD1200
농업기계 검정번호	16-FACTMG-014
기체의 크기	2,100×2,100×450(mm)
자체중량	14.9kg
최대 이륙중량	24.9kg
최대 적재량	10L

🛩 KAD1200Light

회사명	(주)한국헬리콥터
형식명	KAD1200Light
농업기계 검정번호	16-FACTMG-015
기체의 크기	2,000×2,000×450(mm)
자체중량	12.7kg
최대 이륙중량	24.9kg
최대 적재량	10L

🛩 Zlion-3WDM4-10

회사명	(주)한성티앤아이
형식명	Zlion-3WDM4-10
농업기계 검정번호	17-FACTMG-057
기체의 크기	2,180×2,180×400(mm)
자체중량	12.5kg
최대 이륙중량	22.5kg
최대 적재량	10L

🛩 D5-AG

회사명	(주)화인코왁
형식명	D5-AG
농업기계 검정번호	18-MG-093
기체의 크기	1,500×1,500×680(mm)
자체중량	14.4kg
최대 이륙중량	24.9kg
최대 적재량	10.5L

🛩 D5-G

회사명	(주)화인코왁
형식명	D5-G
농업기계 검정번호	18-FACTMG-003
기체의 크기	1,500×1,500×650(mm)
자체중량	14.4kg
최대 이륙중량	24.9kg
최대 적재량	10.5L

AGRAS MG-1

회사명	(주)오토월드
형식명	AGRAS MG-1
농업기계 검정번호	17-FACTMG-021
기체의 크기	1,940×1,940×480(mm)
자체중량	14kg
최대 이륙중량	24.0kg
최대 적재량	10L

MG-1S

회사명	(주)오토월드
형식명	MG-1S
농업기계 검정번호	17-FACTMG-028
기체의 크기	1,940×1,940×480(mm)
자체중량	14.5kg
최대 이륙중량	24.5kg
최대 적재량	10L

MG-1S(입제)

회사명	(주)오토월드
형식명	MG-1S(입제)
농업기계 검정번호	18-MG-084
기체의 크기	1,940×1,940×580(mm)
자체중량	14.9kg
최대 이륙중량	24.9kg
최대 적재량	10kg

AC-7

회사명	주식회사 에어콤
형식명	AC-7
농업기계 검정번호	17-FACTMG-005
기체의 크기	1,885×1,885×550(mm)
자체중량	16.8kg
최대 이륙중량	25.0kg
최대 적재량	7L

AC-15

회사명	주식회사 에어콤
형식명	AC-15
농업기계 검정번호	17-FACTMG-006
기체의 크기	2,190×2,190×780(mm)
자체중량	31kg
최대 이륙중량	45.0kg
최대 적재량	15L

STRATO-20

회사명	주식회사 메티스메이크
형식명	STRATO-20
농업기계 검정번호	17-FACTMG-067
기체의 크기	2,170×2,170×675(mm)
자체중량	28kg
최대 이륙중량	48.0kg
최대 적재량	20L

아티잔 plus

회사명	주식회사 보성
형식명	아티잔 plus
농업기계 검정번호	18-FACTMG-002
기체의 크기	2,030×2,030×735(mm)
자체중량	15.4kg
최대 이륙중량	24.9kg
최대 적재량	9.5L

빔아티잔

회사명	주식회사 보성
형식명	빔아티잔
농업기계 검정번호	16-FACTMG-017
기체의 크기	1,200×1,200×650(mm)
자체중량	10kg
최대 이륙중량	15kg
최대 적재량	5L

HDA-05A

회사명	한화테크윈(주)
형식명	HDA-05A
농업기계 검정번호	16-FACTMG-013
기체의 크기	1,200×1,200×650(mm)
자체중량	7kg
최대 이륙중량	15kg
최대 적재량	5L

YB-15A

회사명	케이와이비 주식회사
형식명	YB-15A
농업기계 검정번호	18-MG-220
기체의 크기	2,120×2,420×570(mm)
자체중량	21.5kg
최대 이륙중량	36.5kg
최대 적재량	15.0L

AG-1500 (번개)

회사명	그라프너 주식회사
형식명	AG-1500 (번개)
농업기계 검정번호	17-FACTMG-031
기체의 크기	1,990×1,990×630(mm)
자체중량	11.35kg
최대 이륙중량	24.9kg
최대 적재량	10L

YW-A2-1

회사명	YW드론
형식명	YW-A2-1
농업기계 검정번호	18-MG-236
기체의 크기	1,940×1,940×650(mm)
자체중량	15.4kg
최대 이륙중량	24.9kg
최대 적재량	9.5L

TY-D10L

회사명	주식회사 골드텔
형식명	TY-D10L
농업기계 검정번호	17-FACTMG-061
기체의 크기	1,930×1,930×620(mm)
자체중량	12kg
최대 이륙중량	21.8kg
최대 적재량	9.8L

GLD-620

회사명	농업회사법인(주) 골드론
형식명	GLD-620
농업기계 검정번호	17-FACTMG-027
기체의 크기	2,170×2,170×740(mm)
자체중량	28kg
최대 이륙중량	43.0kg
최대 적재량	15L

SG-10

회사명	한국삼공 (주)
형식명	SG-10
농업기계 검정번호	18-MG-199
기체의 크기	1,940×1,940×620(mm)
자체중량	14.6kg
최대 이륙중량	24.9kg
최대 적재량	10.3L

원탑A1

회사명	주식회사 탑플라이트
형식명	원탑A1
농업기계 검정번호	17-FACTMG-059
기체의 크기	1,760×1,760×680(mm)
자체중량	11.9kg
최대 이륙중량	22.0kg
최대 적재량	10L

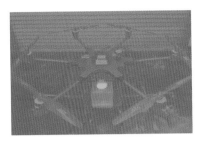

📸 JJ-D200

회사명	진항공시스템
형식명	JJ-D200
농업기계 검정번호	17-FACTMG-062
기체의 크기	2,180×2,180×740(mm)
자체중량	21kg
최대 이륙중량	39.0kg
최대 적재량	18L

📸 JJ-D150

회사명	진항공시스템
형식명	JJ-D150
농업기계 검정번호	16-FACTMG-036
기체의 크기	××(mm)
자체중량	kg
최대 이륙중량	34.5kg
최대 적재량	L

📸 JJ-D100S

회사명	진항공시스템
형식명	JJ-D100S
농업기계 검정번호	17-FACTMG-004
기체의 크기	××(mm)
자체중량	kg
최대 이륙중량	24.0kg
최대 적재량	L

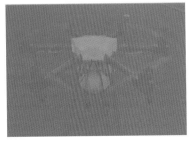

📸 NARA-A2

회사명	주식회사 나라항공기술
형식명	NARA-A2
농업기계 검정번호	19-MG-022
기체의 크기	1,580×1,820×520(mm)
자체중량	14.7kg
최대 이륙중량	24.9kg
최대 적재량	10.2L

VI

무인항공
방제 작업

1. 방제(살포) 준비

2. 작업자의 구성과 역할

3. 살포비행

4. 약제 희석

5. 방제 노즐의 선택과 위치

4. 비행 제어시스템 원리

5. 배터리

6. 전동 Motor와 변속기

01 방제(살포) 준비

CHAPTER

1 | 기본준비물

　항공 방제를 위해 방제사가 기본적으로 준비해야 할 준비물은 방제용 무인비행장치 (기체에 따르는 조종기, 배터리 포함), 충전기, 발전기, 소화기, 차량용 세척기, 정비 공구류, 수리부속품, 저 배터리 경보기(리포 알람), 전압측정기, 배터리 안전 백, 망원경, 풍속계, 공기 압축기Air Compressor, 마스크, 장화, 장갑, 모자, 고글(썬 글라스), 조끼, 조종기 휴대 끈, 무전기, 경광 봉, 전기 리드선, 수도용 호스, ICE BOX, 물티슈, 휴대용 컴퓨터 등이다.

기체

조종기, 배터리

충전기

발전기

소화기

차량용 세척기

정비 공구류

수리부속품

리포 알람

전압 측정기

배터리 안전백

망원경

풍속계

공기 압축기

마스크

장화

장갑

모자

고글(썬 글라스)

조끼

무전기

경광봉

전기 리드선

수도용 호스

ICE Box

물티슈

휴대용 컴퓨터

 방제 시 기본 준비물

① 방제용 기체는 방제현장에 맞는 기체와 조종기 그리고 배터리를 여유 있게 준비한다. 기체는 사용 전, 후 항상 점검하여 즉각 사용 가능토록 준비한다.

② 충전기는 당일 소모된 배터리를 당일 충전이 가능한 수량의 충전기로 구비한다. 급속 충전은 배터리의 종류에 따라 급격한 수명 저하를 일으켜 가능한 피하는 것이 좋다.

③ 발전기는 전기를 사용 할 수 없는 지역에서 충전을 위해 소규모의 발전기를 구비한다. 발전기는 통상 표시 용량의 70% 내외를 사용 하는 것이 좋다.

④ 소화기는 CO_2 소화기 등의 전기 제품에 손상을 최소화 하는 제품을 구비한다. 분말 소화기는 전기 제품의 이차적 파손을 일으키므로 가능한 지양한다.

⑤ 세척기는 차량용 세척기로 방제 요원의 약제오염 시 세척, 기체 세척, 노즐 등의 세척을 위하여 분사가 가능한 세척기를 구비하도록 한다.

⑥ 정비공구류는 기본적인 정비가 가능한 공구를 구비하여 기체의 파손, 풀림 등의 상황 발생 시 조치를 취할 수 있는 공구류는 구비한다.

⑦ 수리부속품은 방제 현장에서 경미한 파손, 망실 등의 발생으로 소요가 많은 로터(프로펠러), 노즐, 펌프 등으로 사전 여유 있게 구비한다.

⑧ 저 배터리 경고기(리포 알람)는 인텔리전트 배터리나 텔레 매트리가 장착되지 않는 기체의 경우 반드시 배터리마다 알람을 장착하여 저전압 경고음이 청취 가능토록 준비한다.

⑨ 전압측정기는 지능형 배터리가 아닌 경우 수시로 배터리의 실시간 전압차를 체크하여 셀 편차가 심한 배터리를 분류하여 보관, 사용한다.

⑩ 배터리 안전 백은 파손된 배터리를 현장에서 폐기 할 수 없고, 파손된 배터리

는 화재의 위험이 있으므로 사용 중 파손이나 손상된 배터리는 반드시 배터리 안전 백에 보관 후 지정 장소에 폐기한다.

⑪ 망원경은 신호수 등이 방제구역의 엔드라인 부분을 직접 확인 하는 것이 좋으나 신호수를 운영하지 않을 경우 최소한의 장비(만원경)로 방제구역 끝부분을 정찰하여 장애물(얇은 전선 등)을 확인하는데 사용한다.

⑫ 풍속계는 기상 여건에 따라 약제의 비산 정도 확인과 풍속으로 비행 안전성이 좌우되므로 항상 지참하여야 한다.

⑬ 공기압축기Air compressor는 차량에 인버터가 설치되어 있지 않은 경우 12V의 소형 제품을 준비한다. 노즐, 펌프, 조종기 등을 청소할 수 있도록 구비 하는 것이 좋다.

⑭ 마스크는 약제를 거를 수 있는 반드시 용도에 맞는 마스크를 착용 한다.(일반 마스크는 약제를 거를 수 없어 사용이 제한된다.) 마스크는 반드시 1일만 사용하고 폐기한다.

⑮ 장화는 되도록 무릎 아래까지 올라오는 장화로 목을 조여 줄 수 있는 것을 선택하는 것이 좋다. 이슬과 기타 오염 물질이 장화 안으로 들어오지 못하게 하는 것이 좋다.

⑯ 장갑은 니트릴 장갑 등 방수가 되는 얇은 소재의 장갑을 선택하여 조종성을 해치지 않으면서 약제에 의한 오염을 방지 할 수 있는 것이 좋다.

⑰ 비행 중 반드시 안전모를 착용하며, 일광을 피할 수 있는 넓은 창 등을 추가로 장착하면 효과적이다.

⑱ 고글(선글라스)은 눈부심 방지 이외에도 비산된 약제가 안구로 들어오지 않도록 얼굴라인을 따라 굴곡진 형태를 선택 한다.

⑲ 조끼는 무전기, 조종기 배터리 등 필요에 따라 액션 캠을 항시 휴대가 가능한 것을 착용 한다

⑳ 조종기 휴대 끈은 방제 중 발생하기 수운 낙상, 미끄러짐 등에도 조종기를 떨어뜨리지 않도록 휴대 끈을 착용한다. 또한 장시간 방제 시 손목과 어깨의 피로를 경감 시킬 수 있다.

㉑ 무전기는 단거리, 단기간 사용 가능한 생활 무전기를 피하고 업무용 무전기를

구입하여 전파 등록 후 사용하는 것이 좋다. 무전기는 되도록 조종기와 멀리 착용 하는 것이 좋으며, 조종기에 따라 혼선이 발생 하는 경우도 있으므로 사용 전에 반드시 확인한다.

㉒ 경광봉은 차량통제 등에 사용 할 수 있는 것을 구비한다.

㉓ 전기 리드선은 방제지에서 거점 이동 후 충전기 등을 운용 할 수 있는 리드선이 필요하다. 사용 용량보다 큰 굵기의 제품을 선택한다. 사용 시에는 반드시 리드에서 전선을 모두 풀어서 사용 하여야 화재를 예방 할 수 있다.

㉔ 수도용 호스는 거점 이동 후 물 탱크 등에 물을 담을 수 있도록 여유 길이의 호스를 준비한다.

㉕ ICE BOX는 혹서기 방제 시 차가운 물을 항시 비치 할 수 있도록 구비한다.

㉖ 물티슈는 방제요원, 기체, 조종기 등의 간단한 세척을 하기위해 구비한다.

㉗ 테블릿 PC는 지적도, 방제지 면적 등을 확인 할 수 있도록 구비하며 방제지역의 경로파악에 시간을 많이 절약 할 수 있다.

2 | 항공방제 실시 전 점검 사항

1. 방제 예정지 조사

방제 예정지 중 공항주변, 원전주변 등 비행금지구역의 포함 여부를 사전에 파악하여 지방 항공청에 비행승인 신청을 하고 비행 승인을 받은 후에 임무를 수행 하도록 한다.(드론 One-Stop 서비스 주소 https://drone. onestop.go.kr)

🎬 One-Stop 서비스 홈페이지

친환경지역 등을 사전에 파악하여 약제의 비산방지 대책을 수립하여야 한다.(친환경지역 주변을 방제할 경우 해당 농지주인에게 연락을 하여 방제로 인한 약해피해를 입지 않도록 한다.)

지적도 등으로 미리 방제 지역을 파악하여 이동 동선을 계획하며 이동 간 낭비되는 시간을 줄인다.

🏞 지적도 프로그램(위성사진 등을 활용 방제 계획 수립)

차량용 내비게이션은 대부분 농로가 표시되지 않는 경우가 많다. 따라서 농지 지번만으로 검색할 경우, 인근 지역에 도착하여 목적지 도착 알림을 표시 후 정지 하는 것이 대부분이다. 내비게이션만을 사용 할 경우, 때에 따라 농지가 바로 눈앞에 있어도 도로가 없어 10Km 이상을 되돌아가야만 하는 상황도 발생하게 된다. 이에 따라 개별 방제의 경우는 필히 위성지도를 활용하여 진입로 등을 잘 파악해야 한다.

또한 방제 계획 수립 시 등하교, 출퇴근 시간에 인도, 학교, 건물 주변의 방제는 피하는 것이 좋다.

또한 현재는 방제용으로 특화된 방제용 APP이 다양하게 보급되고 있는 추세이다. 방제 지역의 표시(구 주소, 도로명 주소 동시 표기)는 물론 방제지역의 면적 등이 손쉽게 확인 가능하며 방제 단에서 활용할 경우 방제사의 위치공유, 미 방제지 재분할, 방제사별 결산 등을 간편하게 사용할 수 있게 되었다. 방제 면적과 인원에 따라 인쇄지도, 네이버 지도 등의 무료APP, 방제 전용App을 사용하여 활용이 가능 하도록 발전되어 가고 있다.

2. 기체 점검

무인 비행장치는 항시 가동상태를 유지토록 점검한다. 살포장치(노즐, 펌프 등)는 방제 지역에 도착 전에 작동 테스트를 하고, 세척해 두어야 한다. 분사 압력등을 사전에 점검하여 압력과 토출량이 일정한지 점검한다.

살포 대상 작물이 바뀌거나 농약이 바뀔 경우 약제 통, 배관, 노즐 등의 세척에 더욱 유의한다. 제초제를 살포한 후에는 약제 통, 배관, 노즐 등에 제초제의 성분이 남아 있을 우려가 있기 때문에 더욱 많은 시간과 노력을 투자하여 세척한다. 필요한 경우 약제 통, 배관, 노즐 등을 제초제용으로 따로 구비하여 약제의 혼용을 방지한다. 저 전압 경고등의 작동 여부를 확인하고, 이상이 있을 경우 즉시 교체한다.

3. 준비물 점검

기체 관련 서류, 보험 증서, 조종 자격증, 비행 승인 서류(필요시), 지적도, 등을 빠짐없이 구비한다. 휴대폰, 무전기 등의 무선 통신 장비를 사전에 점검하여 비행 중 배터리의 소진, 신호 혼선 등으로 통신이 끊기지 않도록 준비한다. 또한 개인 보호 장구 류(방제 복, 마스크, 보안경, 장갑 등)는 부족하지 않도록 충분히 준비한다.

비행 준비

동영상을 보시면 더 자세히 알아볼 수 있습니다!

4. 사용 농약에 관한 정보 확인

① 약제의 제형과 해당 농약의 등록 작물에 대하여 등록 사항을 확인하고 농약 안전 사용 기준에 적합 하도록 희석 기준을 수립한다.

② 약제를 임의로 혼용할 경우 작물 및 작물의 생육 정도에 따라 약해 발생이 가능하니, 임의 혼용은 피한다.

③ 약제의 희석 시 농약 또는 희석용 물의 온도가 높으면, 약제의 물리적 성질에 영향을 줄 수 있으므로 여름철 방제 시 액체의 온도가 40도 이상 되지 않도록 주의한다.

④ 약제의 사용 전 약제라벨에 있는 내용을 반드시 읽고 숙지한다. 약제 뒷면에 적용 작물과 적용 병해충 대상, 살포면적, 살포횟수, 살포시기 등을 반드시 확인한다.

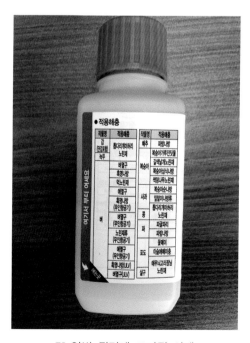

약병 뒷면에 표기된 사례

⑤ 일반적으로 농약에는 다음과 같은 사항이 표시되어 있다.

▶ 품목 등록번호

▶ 농약의 명칭 및 제재의 형태

▶ 포장의 단위(용량)

▶ 사용방법과 사용 시기

▶ 사용 안전기준과 취급 제한기준

▶ 작물별 적용 병, 해충과 사용 량

▶ 유효성분의 함량과 기타 성분의 함유량

▶ 약효의 보증기간

▶ 저장 및 보관 시 주의사항

▶ 약제의 해독방법

▶ 맹독성, 고독성, 잔류 성, 수질 오염성, 어독성 농약 등의 표시와 경고 또는 주의 사항 등

3 | 항공방제 실시 중 점검 사항

1. 기상 변화

항공방제 시 안개, 소나기 등이 예상될 경우 무리하게 비행하지 않는다. 안개의 경우 이륙 직후에도 바람에 의해 시야가 차단되는 경우가 있다. 바람의 방향과 안개의 이동 방향 등을 잘 파악한다.

2. 통행 장애

항공방제 중 조종자가 좁은 농로에 위치할 경우 비행 중 다른 차량의 통행, 농기계의 출입을 위한 여유 공간을 확보해야 한다. 방제 중 재배농민, 주변 주민 등이 조종사에게 접촉하거나, 대화하는 행위를 하지 않도록 주의 한다. 방제 내용 안내 및 민원 처리 등은 반드시 비행장치가 착륙 한 후에 진행한다.

차로에 조종자가 위치하거나 차로 위에 이착륙을 할 경우는 반드시 신호수가 이동 차량 등을 통제하여 사고를 예방해야한다. 대부분의 농민들은 무인비행장치(무인헬리콥

터, 드론 등)를 위험하게 생각지 않고 근접하여 관찰 하려는 경우가 많으니 비행 중에도 주의를 기울여야 한다.

3. 살포 시 주의사항

① 장해물이 많거나, 이륙지점에서 살포 지역까지 이동 소요가 있을 경우 무인 비행장치의 최대 적재능력에 여유를 두고 약제를 적재한다. 배터리, 연료 등의 상태를 파악하여 살포면적, 거리등이 여유가 있도록 한다.

② 철도나 송전탑 근처에서 방제할 경우 방제 패턴 등을 조절하고, 조종자와 무인 비행장치 간의 거리가 100m 이내가 되도록 위치하여 조종한다.

③ 약제에 따라 차량에 비산 될 경우 도장 면이 변색되는 경우가 있으니, 도로, 주차장 근처에서 방재할 경우, 약제가 비산되지 않도록 주의 한다.

④ 방제 중 대부분의 사고는 전신주, 전선, 표지판, 가로등, 나무 등과의 추돌로 발생하므로 해당 장해물을 향하여 비행 하지 않도록 한다.

⑤ 조종자는 꿩 종류의 새는 기체가 머리 위에 접근 하면 갑자기 하늘로 날아올라 추돌하는 버드 스트라이크가 발생하는 경우가 있어 항시 주의하며, 자동 비행 중이라도 절대 조종기에서 손을 떼지 않아야 한다.

⑥ 조종자는 자신의 비행기량과 기체의 비행 특성 등을 고려하여 여유를 가지고 비행하며, 절대 무리하게 장해물 등이 있는 곳에 진입하지 않는다.

⑦ 조종자가 이동하며 방제를 할 경우, 되도록 풀이 있는 논둑 등을 ,평평하여 걷기 편한 곳으로 이동경로를 선택한다.

⑧ 이륙 전 비상시 착륙이 가능한 지점을 반드시 파악하여 추락에 대비한다.

4 | 항공방제 실시 후 점검 사항

1. 방제 작업 후 안전사항(지침)

① 다음날 방제 계획을 미리 확인하고, 음주 등을 삼가하며 가능한 충분한 수면을 취한다. 빈 약제용기를 지정된 수거장소에 보관하고, 남은 약제는 책임자에게 반납한다.

② 작업 종료 후 반드시 사용한 의복은 세탁하되 일반 의복과 분리하여 세탁한다. 얼굴, 손 등의 신체 노출 부위는 세제를 이용하여 여러 번 씻고 반드시 양치를 한다. 다음날 사용을 위해 비행 장치도를 점검 한다.

2. 비행 살포기의 세척 및 점검

① 노즐의 토출 양, 토출 시점, 분사 압력 등을 점검한다. 로터의 회전부, 각 부품의 결착 부위의 풀림이 없는지 확인한다.

② 모터, 엔진, 흡기 다기관 등에 이물질로 인한 막힘 등이 있는지 확인하고, 냉각, 흡기 효율이 떨어지지 않게 유지한다.

③ 조종기 스틱 등에 유입된 이물질을 제거하여 부드러운 동작이 유지되게 한다.

④ 노즐, 호스, 펌프 등에 약제가 남아 있지 않게 세척하여 보관한다.

⑤ 도난 방지용 잠금장치를 구비하여 보관한다.

**방제 후
기체준비**

동영상을 보시면
더 자세히 알아볼 수
있습니다!

🎞 방제 현장에서의 응급조치(출처 : 한국항공방제)

02 작업자의 구성과 역할

CHAPTER

1 | 구성

방제 작업은 주로 2인 1조 또는 3인 1조로 운영된다. 조종자 1인과 신호수 1인 또는 신호수 2인, 조종자 2인 등으로 구성하는 것이 보통이다. 개활지가 아닌 방제지에서 방제 시 1인 방제는 피하는 것이 좋다.

2 | 임무와 역할

1. 조종자

조종자는 방제용 기체의 조종 이외에도 방제 제반사항에 대한 모든 사항을 결정한다. 방제지역의 토지 형상에 따른 방제 패턴과 방제 작물의 종류, 생애 주기를 판단하여 방제 고도와 비행 속도 등을 결정하는 주요 임무를 모두 하게 된다.

또한 방제지역의 순서를 미리 파악해 이동 동선을 최소화 하여 이동간의 시간 소모를 단축하는 등의 방제 전반에 걸친 사항을 모두 총괄한다. 이는 대부분의 방제 조종자가 방제 기체와 방제용 차량 등을 소유하고 있어 수익성, 기체 추락 등으로 파손 시 모든 책임을 져야하기 때문이다.

1) 조종자 주의사항
① 안전거리 확보

무인 비행장치와 조종사 간의 최소거리 15m를 반드시 준수한다. 하지만 방제 현장에서는 잦은 이착륙과, 배터리, 약제 중량물의 잦은 이동, 잦은 상하차로 인하여 피로를 줄이기 위해 안전거리를 확보하지 않는 경우가 대부분이다. 안전거리 확보는 반드시 지켜야할 최소 안전조치 임을 명심해야 한다.

한 사례로 전남 00지역 방제 중 사망사고 조사 보고서에 따르면 "방제 현장에서의 조종사와 기체의 안전거리 15m는 부족한 것"으로 사료된다고 명시되어있다.

방제 임무 수행 중 신호수(작업 보조자)와 방제용 비행장치와의 최소 거리도 반드시 유지해야 한다. 방제 작업 전 기체의 이동경로를 미리 숙지시켜 비행경로 상에 머물지 않도록 하여 약제의 비산에 의한 중독 예방과 추돌 사고 등을 미리 예방해야 한다.

② **주류 및 약물 주의**

조종자는 조종 전 집중력과 판단력이 흐려지지 않도록 주류, 약물 등의 섭취를 피한다. 조종자와 신호수가 병원 진료를 받아야 할 경우, 살포 일정을 미리 의사에게 고지하여 수면 효과 등의 집중력을 저하 시킬 수 있는 약물을 처방 하지 않도록 한다.

🦟 주류, 약물 등 섭취를 피하자

③ **혹서기 주의 사항**

과도한 탈수 및 온열질환(열사병) 등에 주의한다. 혹서기에 온열질환을 예방하고자 개인 보호 장구를 착용하지 않는 경우 오히려 약제에 의한 중독이 일어날 수 있으니 보호 장구는 반드시 착용 하도록 한다.

급작스런 피로, 매스꺼움, 어지러움, 현기증 등의 증상이 나타날 경우, 즉시 방제 작업을 중단하고, 체온을 낮출 수 있는 곳에서 휴식을 취하면서 충분한 수분 섭취를 해야 한다.

🎞 혹서기 무더위에서 방제는 지양하자.

④ 기타 주의 사항

▶ 항공 살포 예정지역의 작물과 사용약제 등이 일치 하는지 확인한다.

▶ 어떠한 경우라도 기체가 머리 뒤로 비행하지 않도록 한다.

▶ 살포작업은 바람이 적은 오전에 주로 이루어지는 것이 바람직하다.

▶ 안개로 시야가 확보되지 않을 경우 무리하게 비행하지 않는다.

▶ 풍속, 풍향에 따라 방제 계획을 수립 하여야 하며, 살포구역 이외의 지역에 약제의 비산을 최소화 하도록 비행경로, 비행고도 등을 변경해야 한다.

▶ 살포시 비행장치와 조종자간의 거리가 멀어질 경우, 적정고도, 거리, 살포상황 등의 파악이 어려워 급작스런 배터리의 전압강하에 대처 할 수 없다. 가능한 수평방향 200m이상의 거리는 비행하지 않는다.

2. 신호수

신호수는 말 그대로 조종자가 비행 시 방제 지역에서 엔드라인 신호, 장애물 파악, 차량 통제 등의 임무를 주로 수행하게 된다. 또한 신호수는 방제차량의 이동과 약제관리, 배터리 충전, 약제 희석 등의 임무도 함께 수행하며, 조종사가 방제 에 집중 할 수 있도록 도와야 한다.

부조종자는 조종자의 피로도, 집중도 등을 고려하여 교대로 비행할 수 있는 능력을 갖추어야 한다.

신호수의 역할

동영상을 보시면 더 자세히 알아볼 수 있습니다!

1) 신호수 주의사항

① 방제 임무 수행 전에 무인 비행장치의 이동경로 등을 미리 파악하여 비행경로 상에 머물지 않도록 한다.

② 약제의 희석 시 몸에 약제가 묻지 않도록 주의한다.

③ 방제 중 바람이 불 경우, 반드시 바람의 방향을 고려하여 약제의 비산에 의한 오류를 최소화한다.

④ 장애물과 엔드라인 등의 신호 체계를 조종사와 협의하여 일관된 신호로 소통한다.

⑤ 엔드라인에 장해물이 있을 경우, 반드시 장해물과 동일선상에서 신호를 보내, 착시로 인한 신호 미스를 최소화 한다.

⑥ 방제 지역에 전선, 로프, 조류 방지용 낚시 줄 등은 거리 착시를 가장 많이 일으키므로 반드시 설치 지역까지 이동하여 장해물을 파악한다.

⑦ 조류 퇴치용 인조 새 등은 방제 전에 미리 제거하여 비행경로 상에 두지 않아야 한다.

⑧ 비행장치의 적재방법, 취급방법, 약제의 준비 등을 사전에 협의하고 숙지한다.

⑨ 신호수는 조종자에게 주요 위험사항을 파악하여 우선 경고하며, 살포작업의 중단 및 일시중지 등이 필요한 경우 조종자에게 지체 없이 알린다.

⑩ 불필요한 오버런과 와이드 런은 조종자에 알려 브레이크 비행경로와 브레이크 타이밍을 조정한다.

03 살포비행

CHAPTER

무인 비행장치를 사용하여 약제 살포 시 지자계 지수, 철골구조물, 고압송전 등 무선 통신에 영향을 줄 수 있는 요소들을 우선 파악한다. 또한 장애물, 살포 최대거리, 신호 수 등 보조자의 안전 확인 등 을 고려하여, 비행 장치가 이륙하기 전에 비행 패턴을 구상 완료한 후 비행을 실시한다.

1 | 항공방제 살포시 유의사항

1. 자연풍의 풍향/풍속

자연풍의 풍향과 풍속을 고려하여 조종사와 신호수 등 보조자의 위치를 선정한다. 풍향/풍속, 지형 등을 고려하여 비행패턴, 비행고도/속도 등을 능동적으로 조절해야 한다. 살포 중인 무인 비행장치의 경로와 동일한 방향에서 바람이 불러오지 않는 위치를 선정한다. 무인 비행장치와 조종사(보조자)의 위치는 바람과 직각이 되거나 바람을 등지고 실시한다. 어쩔 수 없이 맞바람으로 방제를 실시할 경우 충분한 이격거리를 두고 비행하여 비산된 약제가 조종자와 보조자에게 미치지 않도록 한다.

2. 비산지역의 최소화

풍향/풍속, 방제 지형을 고려하여 비산을 최소화 할 수 있는 비행 패턴을 구상하고, 비산을 최소화 할 수 있도록 한다.

3. 장해물

살포지역에 장해물(나무, 전신주, 전선, 허수아비 등)이 있는 경우, 자신의 비행능력을 과신하지 말고 안전비행을 실시한다. 장해물이 많은 지역에서는 약제를 가득 채우지 않고 적정량을 적재하여 위험시 회피 기동이 가능하도록 한다. 장해물이 많은 지역에서는 평소보다도 비행시간이 길어지며, 연료(배터리)의 소모도 많아진다는 것을 잊지 않아야 한다.

4. 육안 확인

무인 비행장치는 비행 속도가 빨라 언제라도 위험 상황이 발생 될 수 있음을 인지하고, 조종자와 신호수(보조자) 모두 비행 장치를 지속적으로 주시한다. 장해물 등으로 무인 비행장치가 시야에서 사라진 경우, 즉시 비상착륙을 시도하거나, 진행 방향의 반대로 조종키를 조작하여 진행속도를 늦추거나 고도를 올리는 등 조치를 취하여 추돌을 방지한다.

5. 전파방해

무인 비행장치는 무선으로 조종되어 항상 전파장애, Compass오류, GPS오류 등이 발생할 수 있으므로 조종자와 기체간의 거리를 150m이내로 한다. 송전탑, 전동철도, 준사시설, 변전소 등에서는 조종자와 기체간의 거리를 100미터 이내로 유지하여, 만약의 경우에도 신속한 조작이 가능 하도록 한다.

2 | 기본 방제 패턴

각 농지의 상황, 장해물의 위치, 바람의 방향등 여러 가지 요소들을 고려하여 방제농지에 알맞은 방제 패턴을 적용해야 한다. 하지만 반드시 지켜야 할 요건들을 무시할 경우 사고의 위험이 높아진다는 것을 잊지 말아야 한다.

1. 사각형 논의 기본 방제 패턴

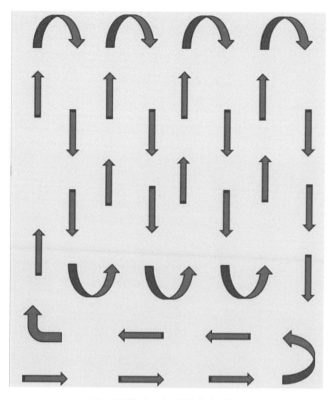

사각형 논의
기본 방제패턴

동영상을 보시면
더 자세히 알아볼 수
있습니다!

📷 사각형 논의 기본방제 패턴

일반적으로 가장 많은 양을 차지하는 사각형 논을 방제할 경우 반드시 지켜져야 할 사항은 다음과 같다.

① 안전라인은 왕복방제 시 발생할 수 있는 사고를 방지할 수 있는 최소한의 거리므로 반드시 먼저 살포한 후 왕복패턴을 그리며 방제한다.

② 안전라인은 노즐의 분사방향으로 측면비행을 하게 될 경우, 정상적인 약제의 살포가 이루어지지 않기 때문에 반드시 정면으로 비행한다.

③ 안전라인은 방제방향에서 바람이 불어올 경우, 2회 패턴으로 폭을 넓혀 비산된 약제가 조종사에게 날아오지 않도록 한다.

④ 왕복패턴비행을 할 때에는 약제의 살포 폭 이상으로 간격을 늘리지 않도록 한다.

⑤ 패턴비행 중 겹치거나 빠진 곳이 없도록 방제한다.

⑥ 일정한 고도와 속도로 비행한다.

⑦ 기체 회전구간에서 약제가 한곳에 집중 살포되지 않도록 빠르게 회전하여 진행하거나 살포를 정지해야 한다.

⑧ 방제 시작지점이나 회전구간에서 호버링 시간이 길어지면 작물의 도복이 발생하므로 주의해야 한다.

⑨ 방제 시작점에서 좌측, 우측 모두 비행이 가능해야 한다.

2. 사각형 논의 잘못된 방제 패턴

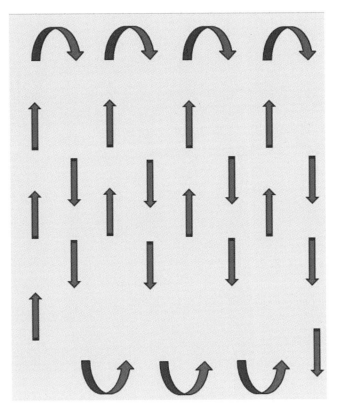

🦌 사각형 논의 잘못된 방제 패턴

방제 현장에서 주로 발생하는 잘못된 방제패턴은 다음과 같다.

① 안전라인을 살포하지 않고 왕복 패턴비행을 하는 경우

② 약제 살포 폭을 무시하고 간격을 늘려 비행하는 경우

③ 무리하게 고도를 높여 방제 폭을 넓히려는 경우

④ W패턴으로 비행하는 경우

3. 측면 장해물 회피를 위한 기동방법

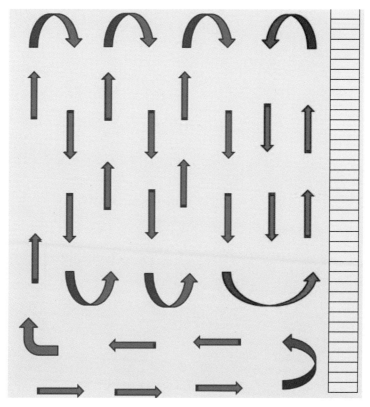

📇 측면 장해물 회피 살포 기동방법

위 그림의 우측면에 나무, 하우스 등의 장해물이 있다고 가정할 때, 다음과 같은 방법으로 사고를 예방할 수 있다. 또한 방제농지의 양쪽에 장애물이 있을 경우도 적용 가능하다.

① 장해물이 위치한 곳에서 방제를 시작하여 장해물과 멀어지면 방제한다.

② 왕복 패턴 중 마지막 왕복을 위한 방향 전환시점을 먼 곳이 아닌 조종자와 가까운 곳에서 실시한다.

4. 삼각농지의 방제 패턴

방제 현장에서는 다양한 모양의 농지가 존재하며, 논의 경우 사각형 다음으로 많은 농지의 형상이 삼각형이다.

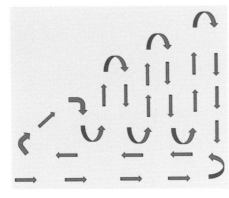
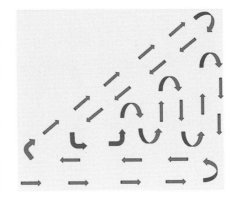

🦋 삼각농지의 방제 패턴 #1　　　　　🦋 삼각농지의 방제 패턴 #2

① 위 그림의 #1, 2에서와 같이 왕복 패턴비행은 반드시 농지의 끝 지점이 멀어지는 방향으로 진행한다.

② 삼각형 빗면의 위치에 장해물이 있을 경우 왕복패턴마다 거리가 달라져 장해물 회피에 어려움이 발생한다. 그래서 #2와 같이 스타트 지점에서 삼각형의 두 면에 안전라인을 먼저 살포하고, 왕복 패턴 비행을 할 경우 사고를 예방 할 수 있다.

5. 삼각농지의 잘못된 방제 패턴

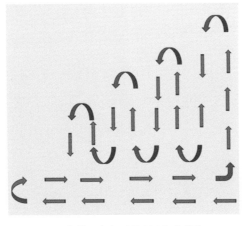

삼각농지의
방제 패턴

동영상을 보시면
더 자세히 알아볼 수
있습니다!

🦋 삼각농지의 잘못된 방제패턴

삼각농지를 방제 시 그림과 같이 농지의 끝 지점이 가까워지는 방향으로 패턴비행을 할 경우 조작실수, 기체의 정지거리 미확보, 착시 등으로 추돌 사고의 위험이 뒤따르게 된다.

3 | 지형에 따른 방제패턴

1. 계단식 농지 방제방법

대부분의 계단식 농지는 폭이 좁고, 길이가 길며, 이웃 농지와의 고도차이가 1m이상인 곳이 대부분이다. 때로는 왕복패턴 1회만으로 다음농지로 이동하여야 하는 경우도 많이 발생한다. 일반적으로 대부분의 계단식 농지의 경우 경사면을 따라 농로가 형성되어 있다. 이때에는 농로를 따라 이웃한 재배지까지 안전 라인을 방제한 후 왕복 패턴 비행을 하는 것이 바람직하다. 다만 이웃한 재배지와의 고도차가 심하거나, 장해물이 있는 경우 조종사의 비행능력, 기체의 비행성능, 기체상황에 따라 패턴은 변경해야 한다.

🏵 계단식 농지의 방제 예1   🏵 계단식 농지의 방제 예2

위의 우측사진과 같이 농로가 농지의 경사면을 따라 위치하지 않은 경우와 재배지의 폭이 매우 좁고 고도차가 있는 경우에는 조종자가 경사면을 따라 내려오며 조종해야 하는 위험한 지형이 대부분이다. 이러한 경우 농지와 수평으로 이동하며 경사면을 따라 비행하는 것이 안전하다. 다만 수도 작의 경우 하향풍의 영향이 고르게 미치지 못한다는 단점이 발생한다.

4 | 비행고도와 비행속도의 상관관계

회전익 무인 비행장치는 이륙중량에 따른 고유의 하향풍이 존재 한다. 하지만 비행속도에 따른 하향풍의 영향이 달라진다는 것을 간과하는 경향이 강하다. 방제용 무인 비행장치의 경우 살포에 따른 중량 감소와 하향풍의 관계를 고려하여, 살포 높이를 조절하여야 효과적인 방제효과를 가져 올 수 있다.

1. 자체중량 14.5kg 방제용 비행장치에 10리터 탑재 시

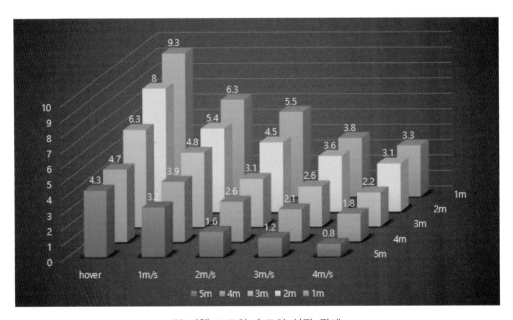

비행 고도와 속도의 상관 관계

구분	호버링 하향 풍	1m/sec	2m/sec	3m/sec	4m/sec
1m	9.3	6.3	5.5	3.8	3.3
2m	8.0	5.4	4.5	3.6	3.1
3m	6.3	4.8	3.1	2.6	2.2
4m	4.7	3.9	2.6	2.1	1.8
5m	4.3	3.2	1.6	1.2	0.8

* 테스트 조건 : 고도- 지면 50cm, 풍속계 장착, 5회 테스트 평균치임.

2. 자체중량 14.5kg 방제용 비행장치에 5리터 탑재 시

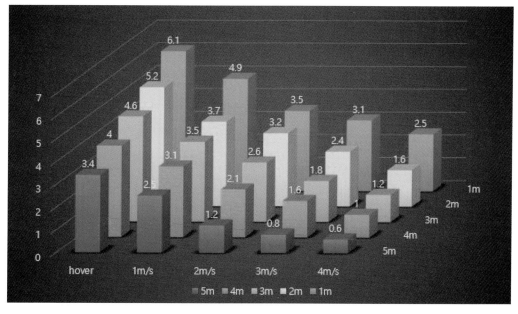

📊 비행 고도와 속도의 상관 관계

구분	호버링 하향 풍	1m/sec	2m/sec	3m/sec	4m/sec
1m	6.1	4.9	3.5	3.1	2.5
2m	5.8	3.7	3.2	2.4	1.6
3m	4.6	3.5	2.6	1.8	1.2
4m	4.0	3.1	2.1	1.6	1.0
5m	3.4	2.5	1.2	0.8	0.6

* 테스트 조건 : 고도- 지면 50cm, 풍속계 장착, 5회 테스트 평균치임.

위의 그림 및 표와 같이 같은 중량의 기체라도 비행속도에 따라 지면 하향풍의 영향이 다르게 나타나게 된다. 약제 살포에 따라 감소되는 중량을 염두에 두지 않고 방제를 실시할 경우, 작물에 따라 방제효과가 적어지거나, 약제의 비산이 늘어날 수 있게 된다. 따라서 본인이 운용하는 기체의 특성에 따른 방제패턴의 연구가 필요하며, 이는 방제방법, 작물의 종류에 따라 달라져야 한다.

5 | 이착륙 지점의 선정과 안전 대책

이착륙 지점은 하향 풍에 의한 도복 등의 작물 피해가 발생할 수 있으므로 이를 고려하여 작물과 일정거리를 두어야 한다. 이착륙 지점이 교각 위, 맨홀 위 등 철제 사용이 많은 지역은 기기의 오작동 우려가 있어 피하는 것이 좋다. 이착륙 지점 인근에 바람이 날릴만한 요인들이 있는지 확인 한다. 단순히 먼지나 이물질 등이 조종자에게 날리는 것뿐만 아니라, 하향 풍으로 로터 등에 이물질이 감겨 추락하는 경우가 발생할 수 있다.

6 | 비행시간에 영향을 주는 요소

무인 비행장치의 이륙 능력과 비행유지 시간은 각 기종마다 정해져 있지만 외부 요소에 의하여 영향을 받는 경우가 있다.
① 로터, 모터 등의 약제에 의한 오염
② 외부 기온과 습도(일반적으로 한 여름철 고지대에서의 비행시간은 평지 봄, 가을보다 짧다. 겨울철 배터리의 온도 저하로 비행시간이 1/2 까지 떨어지기도 한다.)
③ 이착륙 지점과 방제 지역의 고도차이
④ 장해물에 의한 이동시간
⑤ 바람에 의한 영향

7 | 고장 및 추락 등으로 인한 약제 누출 시 대처방법

방제 중 추락, 파손 등으로 약제의 과도한 누출이나 유출이 발생할 경우, 즉시 오염요인을 제거하고, 추가 오염을 방지해야 한다. 유출물이 흐르는 것을 즉시 멈추도록 하고, 다량의 농약 원액이 유출 될 경우 흡수제 등을 이용하여 제거해야 한다.

무인 비행장치의 추락 등으로 희석된 약제가 방제지역에 누출될 경우 될 수 있는 한 약제가 퍼져 나가지 않게 흡착제 등으로 제거한 후 다량의 물로 희석하여 작물이 고사 되지 않도록 조치를 해야 한다. 다량의 농약 원액이 누출될 경우 누출된 농약, 해당 지역의 토양 등을 회수하고, 부상예방, 환경 보호를 위하여 당국(119)에 연락해야 한다.

배터리 불량으로 인한 추락사고 시 약제 누출
(출처 : 한국항공방제)

8 안전한 방제를 위한 방제사의 기본 비행술

현재 국내 유일의 비행 테스트를 통해 방제사를 모집 하고 있는 한국 항공방제의 예를 들어 방제사가 갖추어야 할 기본 비행 기술에 대하여 알아보자

2019년 월 일 **방제용 드론 실기 평가지** 소속 :		성명 :
	상 세 내 용	점 수	비 고
방제패턴			출발지점에서 도착지점까지 조종후 역패턴으로 출발지점까지 도착
조종술능력	비행안정성(Attitude Mode)		**1~10점**
	이착륙시 안정성		**1~10점**
	고도유지 안정성		**1~10점**
	속도유지 안정성		**1~15점**
	조종 민첩성(브레이크, 패턴유지,비상대응)		**1~15점**
	방제 패턴 이행		**1~20점**
	조종술능력 소 계		**80 점**

신규 조종자 모집 테스트 평가지(한국항공방제)

한국 항공방제의 경우 80점 만점에 60점 하한선, 각 항목별 50%의 과락 점수를 기준으로 신규 조종자 모집 테스트를 실시하고 있다. 각 항목별 평가 내용을 분석하여 보면 효과적인 방제를 실시하기 위한 최소한의 내용들을 포함하고 있는 것을 알 수 있다.

1. 방제 패턴 이행

방제를 막 시작한 대부분의 신규 조종사는 정해진 농지에 빈틈없이 비행 하는 것이 올바른 방제 패턴을 그리는 것이라 생각하기 쉽다. 하지만 방제라는 것이 약제를 분사 하는 것이기 때문에 살포지역이 중복되거나, 살포되지 않는 지역이 발생하지 않게 하는 것이 매우 중요하다. 실제로 최소 안전구간인 방어라인을 방제하지 않는 조종사와 Aileron으로 방어라인을 비행하면서 방제하는 조종사도 존재한다.

전자의 경우 조종사의 안전과 약제 비산으로 중독의 우려가 있으며, 후자의 경우 노즐의 분사 각도와 방향 등을 이해하지 못한 경우이다. 또한 Rudder 구간과 왕복패턴의 선회 또는 회전 구간에서 약제 분사를 멈추는 경우, 또한 살포를 다시 시작하는 지점에서 중복살포 되거나, 미 살포 구간이 발생하지 않도록 해야한다.

2. 고도유지, 속도유지 안전성

위의 표에서 알 수 있듯이, 방제용 드론의 비행고도와 속도는 작물에 미치는 하향 풍과 약제의 살포 폭, 비산정도 등 다양한 변수를 제공한다. 기본적으로 A지역에 1의 작물을 방제해야 한다면 동일한 비행속도, 비행고도의 유지는 가장 기본이 되는 비행술이다.

다만 방제를 막 시작한 신규 조종사는 대부분의 100m정도 되는 농지의 끝단에서 Turn을 한 후 비행 속도가 매우(정상 방제속도의 2배정도) 빨라졌다가 농지의 중간 부분부터 급속히 속도를 줄이는 실수를 가장 많이 하게 된다.

3. 자세 모드 비행

요즘 방제용 드론은 다수의 GPS와 RTK 등의 사용으로 기체의 위치가 매우 안정적으로 바뀐 것이 사실이다. 하지만 GPS를 기반한 비행은 지자 계 지수가 나쁜 날, 고속철 등의 인근지역, 송전탑 인근지역, 암반관정 매설지역, 송유관 매설지역 등 눈에 보이거나 보이지 않는 매우 다양한 요인으로 기체가 이상한 기동을 하거나 추락 하는 경우가 종종 발생하게 된다. 따라서 GPS를 기반으로 비행을 한다 하더라도 반드시 자세모드로 동일한 방제비행이 가능해야 한다.

04 / 약제 희석

1 | 농약의 정의

1 농약

농약이라 함은 농작물(수목 및 농·임산물을 포함)을 해치는 균, 곤충, 응애, 선충, 바이러스, 잡초, 기타 농림축산식품부령으로 정하는 동·식물(이하 "병해충"이라 한다)(동물 : 달팽이, 조류 또는 야생동물, 식물 : 이끼류 또는 잡목)의 방제에 사용되는 살균제, 살충제, 제초제, 기타 농림부령이 정하는 약제(기피제, 유인제, 전착제)와 농작물의 생리기능을 증진하거나 억제하는데 사용되는 약제를 말한다(농약 관리법 제2조).

2 천연식물 보호제

천연 식물 보호제란 진균, 세균, 바이러스 또는 원생동물 등 살아있는 미생물을 유효 성분으로 하여 제조한 농약 및 자연계에서 생성된 유기화합물 또는 무기화합물을 유효 성분으로 하여 제조한 농약을 말한다(농약관리법 제2조).

📷 진열된 농약

2 | 농약 제제의 물리성

① **침투성** : 약제가 작물이나 충제에 스며드는 성질을 말한다.

② **부착성** : 약제가 작물이나 충제에 붙는 성질을 말한다.

③ **현수성** : 현탁제의 고체 입자가 균일하게 분산, 부유하는 성질을 말한다.

④ **수화성** : 수화제로 물과의 친화도를 나타낸다.

⑤ **습전성** : 살포된 약제가 작물이나 충제에 잘 적셔지고 퍼지는 성질을 말한다.

⑥ **유화성** : 유립자가 유탁되어 균일하게 분산되는 성질을 말한다.

⑦ **표면 장력** : 액체의 자유표면에서 표면을 작게 하려고 작용하는 장력으로 표면 장력의 특성에 따라 분사특성이 달라지기도 한다.

⑧ **분산성** : 살포된 약제가 균일하게 분사되는 성질을 말한다.

⑨ **비산성** : 살포된 약제가 바람, 발포 압력 등으로 날아가는 성질을 말한다.

⑩ **안정성** : 약제의 주성분이 분해되거나 변하지 않는 성질을 말한다.

⑪ **수중 붕괴 성** : 살포된 약제가 토양이나 수면에서 서서히 유효성분이 용출되는 성질을 말한다.

⑫ **응집력** : 각 입자가 집단을 만드는 힘으로 응집력이 너무 좋을 경우 살포가 힘들며, 낮을 경우 비산이 많이 되고 부착성이 떨어진다.

3 | 약제의 구분법

1. 용기의 색상에 따른 분류

약제 중에서 액제는 살충제, 살균제, 제초제, 생장 조장제, 전착, 침투제 등으로 여러 가지 색상으로 구분하여 사용자가 식별하기 쉽도록 되어있다. 용기의 색상별 약제의 종류를 기억해두면 매우 편리하게 사용할 수 있다.

🧪 약제 뚜껑 색상으로 보는 기본 약제 종류
(기타 맹독성 약제는 적색)

2. 약제의 현상에 따른 분류

① **수화제(입상 수화제)** : 물에 잘 녹지 않는 주성분에 증량제, 계면 활성제 등을 첨가하여 친수성을 높인 분말 약제를 말한다.

② **액상 수화제** : 물에 녹지 않는 성분을 물에 현탁 시킨 것으로 점성이 높아 용기에 달라 붙는 단점이 있다.

③ **유탁제** : 소량의 수용성 용매에 농약 원제를 용해하고, 유화제를 사용하여 물에 유화시킨 것을 말한다.

④ **현탁제** : 액상에 고형의 약품을 분산시킨 형태이다.

⑤ **유현탁제** : 물에 녹지 않는 고체상태의 성분과 오일상태의 성분을 물에 분산시킨 형태로 액상 수화제와 유탁제가 혼합되어 있는 제형이다. 유제와 액상 수화제의 특징을 겸비한 제제로 유제의 침투 이행성을 향상 시키고, 액상 수화제의 부착력을 높이는 장점이 있다.

⑥ **입제** : 대부분의 크기가 8~60메시(약 0.5mm~2.5mm) 사이의 입자로 구성된 약제이다.

⑦ **액제** : 물에 잘 녹는 제제로 물에 희석하면 투명한 액상이 된다.

⑧ **과립 훈연제** : 약제의 성분을 가열하여 연기화 한 후, 연기의 형태로 살포되며, 발연제, 방염제, 점열제 등이 함유되기도 한다.

⑨ **유재** : 물에 잘 녹지 않는 주성분을 용매에 녹여 유화제를 첨가한 제제로 용매의 종류 및 함량에 따라 약해의 우려가 있다. 물과 혼합 시 우유 색상의 유탁액이 되며, 수화제보다 희석이 편리하고 약효가 다소 높다.

⑩ **정제** : 분말 상의 약제를 작은 원형 모양으로 압축하여 사용 편의성을 높였다.

⑪ **세립제** : 입제보다 입자의 크기가 작은 제형으로 적은 양의 유효성분을 골고루 뿌리기 위함이다.

⑫ **수용제** : 수화제와 같은 특성을 가진 농약으로, 주로 액제의 성분이 물에 대한 수용도가 높은 제제이다. 원제와 가용화제를 물에 녹이면 수용제가 된다.

⑬ **분산성 액제** : 물에 잘 섞이는 특수용매를 사용하여 물에 잘 녹지 않는 농약원제를 계면활성제와 함께 녹여 만든 제형이다. 특성은 액제와 비슷하나 고농도 제제를 만들 수 없는 단점을 가지고 있다.

⑭ **가스 훈증제** : 살충효과가 탁월할 뿐만 아니라 정제형 훈증제의 단점을 보완해 작업자의 안전성과 편리성을 높이고 환경보호에 보다 효과적인 제제로 대상을 밀폐시킨 후 가스를 주입하게 된다.

4 | 약제 별 특성

1. 살균제

병원 미생물로 작물을 보호하는 약제이다.

① **종자 소독제** : 종자(씨)의 겉껍질에 묻어있는 병원균을 살균하기 위해 처리되는 약제이다.

② **토양 소독제** : 재배지나 그밖에 종자의 발아 등에 사용되며, 토양을 소독하기 위한 약제이다.

③ **살포용 살균제**

▶ **보호 살균제** : 병원균이 작물에 침투하는 것을 방지하기 위한 약제이다.

▶ **직접 살균제** : 병원균의 작물침투 예방과 침입된 병원균을 살균하기 위한 약제이다.

2. 살충제

농작물에 해를 가하는 해충의 방제를 위한 약제로 경업처리제와 토양 처리제가 있다.

① **적용특성**

▶ **침투성 살충제** : 입, 줄기 및 뿌리 등에 침투하는 흡즙성 해충에 효과가 높은 약제이다. 해당 해충의 천적에 대한 피해가 적다.

② **식도제** : 해충이 직접 약제를 먹게 한 후 중독을 일으켜 죽이는 약제이다.

③ **접촉독제** : 해충의 표면에 접촉 흡수시켜 중독을 일으켜 죽이는 약제이다.

3. 제초제

작물의 생육을 저해하는 잡초를 제거하기 위한 약제이다.

① **선택성 제초제** : 화분과 작물에 안전하고 작물이외의 잡초를 제거하기위한 약제이다.

② **비 선택성 제초제** : 약제가 살포 처리된 모든 식물을 제거하기 위한 약제이다.

4. 생장 조장 제

제제를 식물에 살포하여 식물의 형태적, 생리적인 특수변화를 꾀하는 물질로 실물 호르몬 이라고도 칭한다. 식물 호르몬과 유사한 성분을 가진 유기화합 물질을 식물 조장제라고 하며, 호르몬계와 비호르몬계로 나누어진다.

5. 보조제

약제의 효력증대와 확전성을 높이기 위한 약제이다.

① **전착제** : 주요 성분을 작물이나 해충에 방제 시 전착률을 높이기 위한 약제로서 습윤성, 확전성이 높아진다.

② **증량제** : 분제약제 중 약제의 주요 성분의 농도를 낮추어 주는 보조제로 분산성, 고착성, 부착성, 안전성 등이 높은 것이다. 증량제의 종류는 규조토와 고령토, 탈크, 벤토나이트, 납석 등이 있다.

③ **용제** : 약제의 유효 성분을 녹이는 약제로 독성을 증대시킨다.

④ **협력제** : 제제 자체로는 효력을 가지고 있지 않지만 약제와 혼용 하여 사용할때 사용 약제의 유효성분의 효력을 증강 시키는 작용을 가진 약제로 중강제 라고도 불린다.

⑤ **약해 경감제** : 작물의 약해를 경감 시킬 목적으로 약물 또는 제제에 첨가하는약물을 말한다.

5 | 약제 희석 및 사용 시 주의사항

약제를 혼용하는 이유는 대부분 살포횟수를 줄여 방제비용과 인건비, 시간절약 등의 목적으로 혼용하겠지만, 여러 가지 농약을 혼용할 때에는 반드시 약해가 발생할 수 있음을 알아야 한다.

1. 약제희석 조건

🐝 액량 중 약제 투입량

액량	3배	4배	5배	6배	8배	10배	16배
8L	2.6	2.0	1.6	1.3	1.0	0.8	0.5
10L	3.3	2.5	2	1.7	1.3	1	0.6
16L	5.3	4	3.5	2.6	2	1.6	1
20L	6.7	5	4	3.3	2.5	2	1.3

2. 약제 희석 배율

살포면적에 따른 약제 희석 배율

1,000㎡당 권장 사용량	1회 비행 당 살포면적에 따른 희석 배율(약재 : 물)							
	300평	500평	800평	1,000평	1,500평	2,000평	2,500평	3,000평
100㎖	0.1:9.9	0.2:9.8	0.3:9.7	0.3:9.7	0.5:9.5	0.7:9.3	0.8:9.2	1:9
200㎖	0.2:9.8	0.3:9.7	0.5:9.5	0.7:9.3	1:9	1.3:8.7	1.7:8.3	2:8
300㎖	0.3:9.7	0.5:9.5	0.8:9.2	1:9	1.5:8.5	2:8	2.5:7.5	3:7
400㎖	0.4:9.6	0.7:9.3	1.1:8.9	1.3:8.7	2:8	2.7:7.3	3.3:6.7	4:6
500㎖	0.5:9.5	0.8:9.2	1.3:8.7	1.7:8.3	2.5:7.5	3.3:6.7	4.2:5.8	5:5
600㎖	0.6:9.4	1:9	1.6:8.4	2:8	3:7	4:6	5:5	6:4
700㎖	0.7:9.3	1.2:8.8	1.9:8.1	2.3:7.7	3.5:6.5	4.7:5.3	5.8:4.2	7:3
800㎖	0.8:9.2	1.3:8.7	2.1:7.9	2.7:7.3	4:6	5.3:4.7	6.7:3.3	8:2
900㎖	0.9:9.1	1.5:8.5	2.4:7.6	3:7	4.5:5.5	6:4	7.5:2.5	9:1
1,000㎖	1:9	1.7:8.3	2.7:7.3	3.3:6.7	5:5	6.7:3.3	8.3:1.7	—
1,500㎖	1.5:8.5	2.5:7.5	4:6	5:5	7.5:2.5	—	—	—
2,000㎖	2:8	3.3:6.7	5.3:4.7	6.7:3.3	—	—	—	—

※ 2가지 이상 약재를 사용할 경우 각각 희석 배율만큼 약을 넣고 추가한 약재 량 만큼 물 희석 량을 줄여서 사용한다..
  예시) 10리터당 2,000평 방제 시 1,000㎡당 300㎖, 600㎖인 두 약재를 사용할 경우 300㎖ 약재 2리터, 600㎖
  약제 4리터 물 4리터를 희석하여 방제한다.

6 | 약제 혼용시의 장, 단점

1. 장점

살포 횟수, 인건비, 방제시간을 절감하고, 동일한 약제에 대한 내성과 저항성 발달을
억제하며 여러 병충해의 동시방제를 통한 약효를 증진 시킨다.

2. 단점

약제 혼용 시 부작용 정보와 약제효과의 상승 및 하락에 대한 정보가 불확실하고,
단일 약제사용보다 약해의 우려가 있다. 과다 혼용 시 약제의 엉킴 현상이나 성분 분
해 등으로 약효가 저하될 우려가 크다.

7 | 약제 혼용시의 주의 사항

① 분별한 약제의 혼용은 오히려 역효과를 낼 수도 있다.

② 종 복합 비료(영양제)와 미량요소를 혼용할 경우 약제의 가장 많은 양을 차지하는계면 활성제 성분과 반응 과다 흡수를 일으켜 생리장애(약해)가 나타날 가능성이 높아진다.

③ 유효성분과 영양제의 반응 시 유해한 대사산물이 생성된다.

④ 항공방제의 경우 약제가 고배율로 희석되어 3종 이상의 혼용이 될 경우 보조제의 농도가 높아져 약해의 발생 가능성이 높아진다.

⑤ 약제 혼용 중 침전물이 발생하면 해당 희석 약제는 사용을 금한다.

⑥ 약제를 혼용 희석한 후에는 보관하지 말고 당일 사용해야 한다.

⑦ 액상 수화제와 전착제 혼용 시 반드시 전착제를 먼저 완전히 희석해야 한다.

⑧ 동일한 액상 수화제의 희석은 피하는 것이 좋다.

⑨ 표준 희석배율을 반드시 준수하고, 살포 표준 권장량 이상의 약제를 살포하는 것은 지양한다.

⑩ 알카리 성분과 산성성분의 약제는 혼용 시 중화되어 효과가 떨어진다.

⑪ 혼용가부 표에 없는 약제 혼용 시 제조사에 상담하거나, 소량을 희석하여, 약제의 엉킴 현상 등이 발생하는지 확인 후 적은 면적에 시험 살포 후 사용한다.

⑫ 혼용 관계가 불확실한 경우는 하지 않아야 한다.

8 | 액제의 혼용순서

① 희석용 통에 물 채운다.

② 전착제를 놓고 희석한다(전착제 사용 시)

③ 액상 수화제등의 약제를 희석한다(반드시 한 번에 하나의 약제를 넣은 후 완전히 물과 희석시킨 후 다음 약제를 넣어야 한다)

④ 영양제를 넣는다(영양제가 약제보다 앞에 희석될 경우 원액의 약제가 투입되며, 경우에 따라 약제 엉킴 등의 현상이 발생 될 수 있다)

9 | 농약 허용기준강화제도(Positive List System)

2019년 1월 1일부터 시행하고 있는 **PLS**Positive List System는 "농약 허용기준강화제도"라 하며 작물별로 등록된 농약에 한해 일정기준 내에서만 사용하도록 하는 제도이다. 또한 잔류 허용기준이 없는 농약의 경우 0.01ppm을 적용하여 농약의 무분별한 사용을 방지하고, 먹거리의 안전성을 높이기 위하여 시행되고 있다.

현행 규제와 PLS도입 후 규제 비교

구분	현행 규제	PLS 도입 후 규제
잔류허용 기준이 정해진 것	기존 규격에 따라 기준적용	기존 규격에 따라 기준 적용 (수입 식품 기준 포함)
잔류허용 기준이 정해지지 않은 것	CODEX기준 및 유사농산물의 기준을 적용하여 유통가능	일정량(0.01ppm)을 초과하는 잔류물질을 함유하는 실물은 유통금지 * 전 세계에서 사용하는 대부분의 농약에 대해 검사 실시

현행규제와 도입 후 규제를 비교해 보면, 잔류허용 기준이 정해진 것은 수입 식품기준을 포함하여 기존 규격에 따라 기준을 적용하는 것으로 거의 동일하다. 하지만 잔류 허용 기준이 정해지지 않은 것은 현행 규제에서는 CODEX기준 및 유사농산물의 기준을 적용하여 유통 가능하였으나 PLS도입 후에는 일정량(0.01ppm)을 초과하는 잔류물질을 함유하는 실물은 유통을 금지하는 것으로 변경되었다. 이는 전 세계에서 사용되는 대부분의 농약에 대해 검사를 실시한 것이다.

1. 농약 사용 시 준수사항

① 농약 포장지 표기사항 반드시 확인하기
② 재배작목과 병충해 등 등록된 농약만 사용하기
③ 농약 희석 배수와 살포횟수 지키기
④ 수확 전 마지막 살포일수 준수하기
⑤ 출처가 불 분명한 농약 사용하지 않기

2. 농약 구입 시 주의사항

① 농약 판매자에게 재배작목을 정확히 말하기
② 추천한 농약이 재배작목에 등록된 농약인지 확인하기

3. PLS관리 제도에 대한 대책

구분	내용
농업인	· 농업규모를 마을이나 들녘 단위로 작목 단순화 및 광역화 · 적용 범위가 넓고 안전성 높은 약제로 공동방제 · 약제 비산 억제방법을 강구
방제 작업 간	· 유인 항공기, 광역 방제기, SS 살포기 등 약제 비산이 많은 장비의 사용은 잔류기준 이상의 농약 검출로 PLS위반이 우려됨.
농업용 비행장치	· 등록된 농약만을 사용하고 살포고도, 희석배수, 살포량을 준수한다.

4. PLS관리제도 처벌 규정

① 미등록 농약 사용으로 잔류허용 기준초과 농약 사용인과 약제 추천 판매상은 농약 관리법 제40조(과태료)를 위반하여 1차 40만원, 2차 60만원, 3차 80만원
② 농수산물 품질관리법 제61조, 제62조 위반 (출하연기, 용도전환, 폐기 등의 이행명령 통보하고, 명령을 이행하지 않으면 1년 이하의 징역 또는 1,000만원 이하의 벌금)

10 | 약해의 이해와 발생 시 대처요령

1. 약해의 정의

약해란 좁은 뜻으로 식물에 발생하는 해로, 식물의 생리장애, 조직파괴, 증산작용, 동화작용 및 호흡작용 등의 생리작용을 억제하며 식물의 정상적인 생육을 억제하는 것을 지칭한다. 약해는 발생속도에 따라 급성약해와 만성약해로 나뉘며, 급성약해로는 농

약 살포 후 2~4일 후에 엽소현상, 약반, 낙엽, 낙과 등이 발생 한다. 만성약해는 육안으로 증세를 구분하기 힘들며, 생육불량, 영양장애 등 성숙의 지연, 생산량 감소 등의 증세가 나타나는 것을 말한다. 일반적으로 무기농약은 유기농약에 비해 약해가 발생하기 쉬우며, 수용성인 농약은 유용성보다 약해가 발생하기 쉽다.

약해 피해를 입은 논 (출처 : 한국항공방제)

2. 약해의 발생 조건

1) 고농도 살포

기준 약량 이상을 희석하여 살포하면 작물에 과도하게 살포된 약제의 성분으로 작물의 세포가 괴사한다.

2) 부적절한 혼용

영양제(4종 복합비료)를 섞어 뿌리거나 혼용이 불가한 약제를 함께 사용 할 경우이다.

3) 부적합 약제의 사용

작용 작물 이외의 약제를 사용한 경우를 말하며, 특히 제초제사용은 특별히 주의를 해야 한다.

4) 잘못된 사용

중복방제, 과도한 근접살포, 너무 높은 기온에서의 살포 등을 말한다.

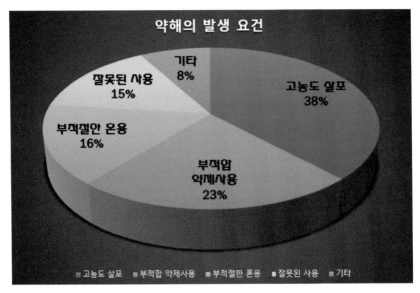

약해의 발생 요건

- 기타 8%
- 잘못된 사용 15%
- 부적절안 온용 16%
- 고농도 살포 38%
- 부적압 약제사용 23%

■ 고농도 살포　■ 부적합 약제사용　■ 부적절한 혼용　■ 잘못된 사용　■ 기타

농약에 따른 약해 발생원인 비율(출처 : 농약정보 서비스)

3. 약해 발생 시 대처요령

방제를 실시한 농지에 약해가 의심되는 증세가 나타났을 때 방제사는 제일 곤혹스럽다. 대부분의 약해는 약제를 살포하고 1주일 이내에 발생하게 되며, 시간이 지남에 따라 증세가 악화된다면 약해가 아닌 병에 의한 해가 진행되는 것이라고 볼 수 있다. 약제에 의한 해는 시간이 지남에 따라 증세가 호전된다.

방제를 하기 전에 해당 농지에 어떠한 병과 충이 발생 하였는지 파악이 중요하다. 병과 충이 아니더라도 물 스트레스로 인한 마름증상이 있는지도 파악하여 미리 사진 등을 근거자료로 남겨두면 추후 발생우려가 있는 약해피해 주장에 대응 할 수 있다. 또한 약해가 발생하였다고 의심되는 살포한 약재의 제조사에 문의를 할 경우 대부분의 제조사에서는 직원을 파견하여 시료를 채취, 분석하여 약해유무를 판단해 주기도 한다. 다만 앞서 언급한 것처럼 대부분의 약해는 살포 후 1주 이내에 나타나므로 약제 살포 후 10일 이상 경과된 후 나타난 증상에 대해서는 약해를 의심하기 어려우며, 시료를 채취하여 검사를 진행하여도 인과관계를 증명하기란 쉽지 않다.

05 방제 노즐의 선택과 위치

CHAPTER

1 | 방제 노즐의 선택과 위치

1. 노즐의 선택

항공 방제용 노즐에는 다양한 노즐이 있으며, 작물, 약제, 살포방법에 따라 적절한 노즐을 선택하며, 노즐을 잘못 선택한 경우 약효저하, 약해발생, 비산확산 등이 발생하게 된다. 아직 많은 방제사들이 노즐의 다양성을 인지하지 못하고 있으며, 구입당시 장착된 1개의 노즐만으로 다양한 작물에 사용하고 있다. 이로 인해 약효저하, 약해발생의 우려가 있으며, 항공방제에 대한 부정적인 인식을 주기도 한다.

또한 일부 방제 드론 제조사에서 독자적인 노즐이 있다 하여, 노즐의 다양성 등을 인지하지 못한 소비자를 현혹하는 경우도 있다. 현재 시중에서 판매되고 있는 노즐은 대부분의 방제용 드론에 호환이 가능하여 다양한 노즐의 종류를 인지하고 해당 작물, 적용약제, 방제방법에 맞게 사용해야 한다.(플라스틱으로 제조된 노즐은 약제에 따라 분사구가 녹아 분사특성이 달라지며, 사출방식의 플라스틱 특성상 응축이 발생하여 노즐의 편차도 발생한다.)

살포시 사용되는 노즐은 약제를 작물에 분사하는 마지막 부품으로 분사의 특성을 만들어내는 마지막 단계이다. 노즐의 종류와 분사 압력의 변화로 입경(분부되는 입자의 크기)이 변화된다.

🎞 다양한 종류의 노즐(출처 : teejet社)

위 그림의 여섯 가지 노즐은 대부분의 작물에 약제의 살포가
가능하다고 할 수 있다.

사용 노즐의 분사 구 크기, 장착된 노즐의 수량에 따라 동일한
펌프를 사용하더라도 분사량에 따른 토출 압력 변화로 분무입경이
변화되어 동일한 단위 면적에 적당 낙하하는 입자 수가 적어지게
되면, 약해의 발생우려가 있고 살충효과가 저하된다. 분사노즐에
는 각각 사용범위의 분사 압력이 있으며, 분사 압력이 너무 낮은
경우 분사되지 못하고 흐르는 약제가 발생한다.

다양한 종류의 노즐

동영상을 보시면
더 자세히 알아볼 수
있습니다!

일반적으로 살균제와 살충제는 분사 입경이 적은 것을 사용하는 것이 같은 양의 약
제를 살포하였을 때 높은 방제효과를 낼 수 있다(제초제의 경우는 반대로 입경의 크기
를 크게 하여 비산을 막는 것이 좋다). 이에 비하여 노즐의 허용 압력보다 살포 압력이
높아질수록 살포 액보다 입경이 작아지며, 비산의 우려도 높아지게 된다. 압력이 너무
높을 경우 노즐과 펌프가 파손되기 쉬우며, 비산의 위험성 또한 커지게 된다. 그러므로
사용하는 노즐과 노즐의 수량, 적용약제에 따라 분사 압력 또한 달라져야 한다.

그래서 사용펌프의 분당 분사 량, 펌프의 압력 등을 고려하여, 분사노즐의 수량을 결
정한다. 노즐을 달리 사용하여 분사압력이 저하하는 경우 펌프의 분사압력을 높이거나
추가 펌프를 장착하여 압력을 유지 하여야 한다.

또한 분사노즐의 수량을 줄여 적정 분사압력을 유지하여 분무 입경의 크기를 유지하
여야 균일한 살포가 가능하며, 약제의 살포효과를 크게 가져 올 수 있다. 그러므로 무

분별한 분사노즐의 증설은 오히려 역효과를 가져올 수 있어 주의해야 한다. 반대로 분사 압력이 높아질 경우에도 펌프의 작동 속도는 낮춰 분사압력을 유지 하여야 한다.

반대로 분사 압력이 높아질 경우에도 펌프의 작동 속도를 낮춰 분사 압력을 유지해야 한다. 또한 분사노즐의 토출구를 임의로 수정하고 분사압력을 높일 경우, 약액보다 작은 입경의 분사량이 늘어나게 되므로 무분별한 노즐의 변형은 피한다.

다양한 규격의 분사구를 가진 노즐은 아래 그림과 같으며, 노즐에 따라서 분사각도, 분사 량, 입경크기는 다르다.

Typical Applications:
See selection guide on page 3 for recommended typical applications for TeeJet tips.

Features:
- Ideal for banding over the row or in row middles.
- Provides uniform distribution throughout the flat spray pattern.
- Easily mounted on spray boom or planter.
- Available with VisiFlo® color-coding in stainless steel or all stainless steel, hardened stainless steel and brass.

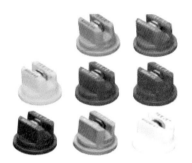

How to order:
Specify tip number.
Examples:

TP8002EVS	Stainless Steel with VisiFlo color-coding
TP8002E-HSS	Hardened Stainless Steel
TP8002E-SS	Stainless Steel
TP8002E	Brass

🔖 노즐 종류에 따른 분사 량과 입경 크기 (자료 : teejet社)

2. 노즐의 위치

대부분 분사노즐의 위치는 제조당시의 위치를 그대로 사용하는 경우가 대부분이다. 대부분 완제품 제조회사의 기체는 실용화재단 인증으로 그 위치와 노즐의 수량 등이 적정하게 판매되고 있다. 그러나 일부제품의 경우 실제 살포비행 시 발생하는 세류의 풍속 패턴 등이 변화하여 특정위치에 약제가 과도하게 살포되는 경우가 발생한다.

🦌 로터 아래 연장 형 스프레이 붐
(출처 : electricrc社)

🦌 로터(회전날개) 아래 분사노즐
(출처 : DJI社)

다양한 종류의 자작 드론은 과도하게 긴 노즐 붐대와, 다량의 분사노즐을 장착하고 있다. 그러나 실제 방제비행 시 발생하는 풍속패턴이 고려되지 않고, 제작자의 의도에 따라 임의로 장착 되어지는 경우가 대부분이다. 일부 완제품 제조사 또한 검정 기체와 는 다른 확장형 노즐을 장착 판매도 한다.

또한 Quad-copter, Hexa-copter, Octo-copter 등의 기체형식에 따라 세류 풍속 패턴이 달라지므로 기체에 어떠한 노즐 위치가 정확하다고 단정 지을 수는 없다. 예를 들어 같은 Quad-copter 기체라고 하더라고 로터간의 축간거리에 따라 각 로터의 중앙에 스프레이 붐을 장착하여 고른 분사가 되기도 하고, 과도한 와류현상으로 특정 위치에 과도한 살포가 되기도 한다.

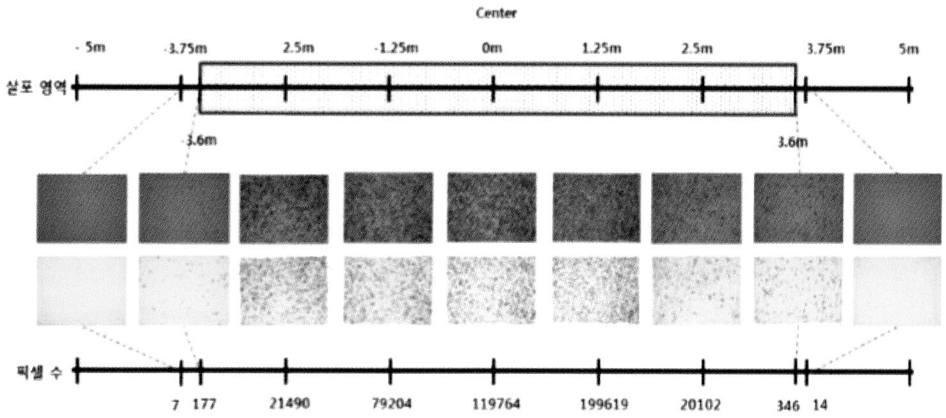

살포 폭과 분사 균일도 실험의 예
(출처 : 한국기술교육대학교 전기전자 통신학부, 균일방제를 위한 살포시스템 구현)

방제기에 장착된 노즐은 장착 위치, 장착 간격, 설치 각도, 노즐의 분사각도, 비산 고도, 비행속도, 풍향, 풍속과 밀접한 관계가 발생하게 된다.

감수지 등을 활용하여 각 기체가 가진 세류 풍속 패턴에 따라 노즐의 위치를 선정하여야 하며, 와류에 따른의한 약제 집중화 현상이 나타날 경우, 노즐의 장착 위치를 변경해야 한다.

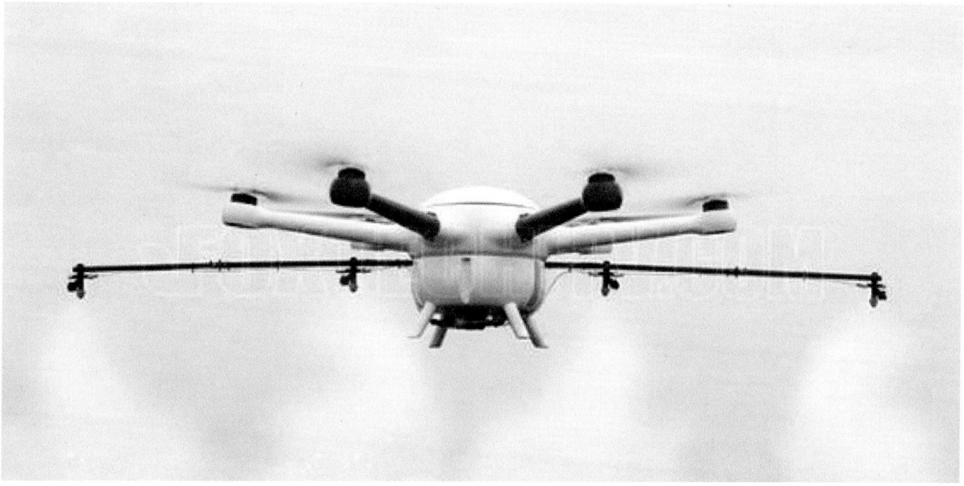

회전 반경을 벗어난 노즐의 예

방제용 무인비행장치 운용 시 살포 폭을 확대하기 위하여 과도하게 노즐 붐대를 연장하여 사용하기도 한다. 무인 헬리콥터의 경우 하향 풍(기체의 아래로 부는 바람)을 이용하여 분무된 살포 액을 확산 낙하시키게 되는데, 노즐 붐이 로터의 회전반경을 벗어난 경우 하향풍의 영향을 받기 어렵다. 또한 후방기류에 의한 와류현상으로 약제가 작물에 도달하지 않고 다시 상승하였다가 낙하하게 된다. 이때 혹서기 방제의 경우, 약제가 작물에 안착되기 전에 분사된 약제중의 수분의 대부분을 공기 중에 빼앗기고 분말 화되어 떨어지거나, 입자직경이 매우 작아져 작물에 부착 후 확산되지 않는 경우가 발생하기 쉽다.

구동축이 하나 또는 둘인 무인 헬리콥터와 구동축이 여러 개인 멀티콥터를 막론하고, 구동축을 벗어나도록 길게 설치된 노즐에서 분사된 약제의 경우 비산될 우려가 높아지게 된다.

농기계 실용화재단에서는 로터의 끝과 끝 사이의 85%이내, 또는 양쪽 로터 구동용 모터의 중앙이내에 노즐을 위치하도록 권고하고 있다. 이는 실용화재단의 농기계 검정을 받기 위함이 아니 효과적인 방제와 비산 방지를 위하여 지켜야 한다.

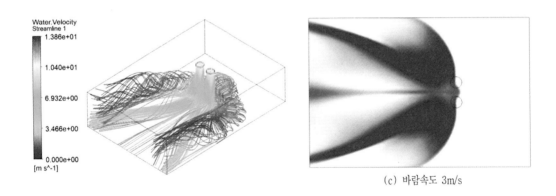

(c) 바람속도 3m/s

■ 멀티콥터 하향 풍 속도의 유선 그래프　　■ 분사 약제의 바닥면 부피분율 등고선[1]

---

1) www.koreascience.or.kr›article

2 | 방제노즐의 구조와 역할의 이해

1. 바디 노즐

펌프에 연결된 호스와 노즐부품(노즐, 노즐 캡, 고무개스킷, 스트레이너, 다이어프램)등을 장착 할 수 있는 보디이다. 제품에 따라 Y자형, I자형의 길이 연장 형, 로터리 방식의 회전형 등이 있다.

🎗 바디 노즐

2. 다이어프램

통상적인 드론의 노즐바디에는 다이어프램 이라는 일종의 밸브가 달려있다. 이는 일정 압력 이상에서 노즐로 약제가 통하게 되어 저압에서 약제가 새어나오며 굵은 입경의 약제가 작물에 떨어지지 않게 하는 역할을 한다. 다이어프램 밸브는 고무 재질로 만들어져있으며 두께와 재질로 압력이 서로 다른 다양한 밸브가 존재한다. 또한 사용자의 편의를 위해 다이어프램 밸브 캡에 스크류 방식의 다이얼을 이용해 고무 밸브의 교환 없이 압력을 조절하는 제품도 있다.

🎗 다이어프램 밸브

3. 노즐 캡과 시트 개스킷

노즐은 그 분사 특성에 따라 그 종류가 여러 가지에 이른다. 때문에 노즐 형상에 맞는 캡과 시트 개스킷이 필요하다.

시트
개스킷

Quick TeeJet®

🎗 노즐 캡과 시트 개스킷

4. 스트레이너(필터)

스트레이너는 밸브바디 안쪽에 장착되며 노즐 직전에 각종 이물질(모래, 결정화된 약제 등)을 막아주는 필터이다. 필터는 메쉬의 크기가 다양하며, 소재 또한 황동, 스테인레스, 폴리프로필렌 등 다양하다. 사용 약제의 종류에 따라 소재와 반응하여 산화 반응을 일으키거나 스트레이너를 녹일 있으니 다양한 종류의 소재와 크기의 제품을 준비하여야 한다. 또한 최근에는 세척의 편의를 위해 스트레이너와 스트개스킷이 일체화된 제품도 출시되고 있다.

사용 약제에 따라 필터에 걸린 압력에 의해 이물질이 필터에 고착되고 경화되어 물이나 사용 약제에 넣어도 녹지 않는 경우가 있다. 일부 약제는 희석에 의한 침전물이 아닌 약제 자체에 포함된 일부 침전물이 문제를 일으키기도 하며, 사진과 같은 문제를 발생시키기도 한다. 이런 경우 스트레이너를 제거하고 사용하기도 하지만 노즐 분사구가 마찰에 의해 마모되어 최초 분사특성을 잃게 되기도 한다.

5053　　　8079　　　6051　　　19845-PP

🏵 스트레이너(필터)　　　　　　　🏵 압력에 굳어버린 스트레이너

5. 플라스틱 노즐

조립형 방제 드론이나 저가형 방제 드론의 경우 아래 사진과 같은 플라스틱(폴리프로필렌) 소재의 노즐이 기본으로 장착 되어진 경우가 있다. 이는 스테인레스, 황동, 세라믹 재질의 노즐에 비해 가

🏵 플라스틱 노즐

격이 1/10 정도에 불과 하기 때문인데 같은 종류의 노즐이라 하더라도(예 XR110015) 소재의 특성상 가공품질과 내구성이 현저하게 차이가 발행 한다, 이로 인해 분사 량, 분사특성, 입경의 크기가 달라지며, 방제 효과에 영향을 주게 된다.

6. 노즐 읽는 법

각 노즐에는 여러 가지 정보가 기재되어 있는데 제조사의 상표, 노즐의 유형에 따른 분사특성, 분사 량, 분사 각, 노즐의 소재 등을 한눈에 파악할 수 있다.

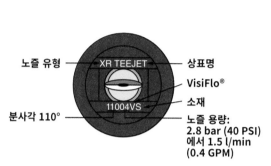

주문 방법:
팁 번호를 지정합니다.
예시:

XR8004VS — VisiFlo® 컬러코딩 + 스테인리스 스틸

XR11004-VP — VisiFlo® 컬러코딩 + 폴리머(110° 한정)

XR11004-VK — 폴리프로필렌 VisiFlo® 컬러코딩 + 세라믹

XR8010SS — 스테인리스 스틸

XR11004VB — VisiFlo® 컬러코딩 + 황동(110° 한정)

노즐 유형 — XR TEEJET — 상표명
VisiFlo®
소재
11004VS
분사각 110° — 노즐 용량: 2.8 bar (40 PSI)에서 1.5 l/min (0.4 GPM)

노즐의 표시 내용과 소재(Teejet사)

7. 노즐의 분사 각

노즐의 각기 최적의 분사 높이(작물과 노즐간의 거리)와 유효 살포 폭이 존재한다.

예로 분사 각 110도의 분사 노즐은 막물에 110도의 복으로 분사되지 않는다. 이는 중력과 하향풍의 영향으로 이론적 범위와 실제 분사 폭이 달라지게 된다.

또한 기체의 특성(프로펠러의 개수와 위치)에 따라 방생되는 후방세류를 극복하기 위해서는 적정고도를 유지하는 것이 바람직하다. 110도 노즐의 경우 노즐과 작물과의 거리가 50Cm이상이면 현재 유통되는 대부분의 기체에서 유효 살포 폭 안에 빈곳 없이 살포가 가능하다.

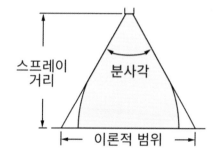

스프레이 거리와 분사범위(Teejet사)

포함 분사각	다양한 스프레이 높이에서의 이론적 도포 범위(cm)							
	20 cm	30 cm	40 cm	50 cm	60 cm	70 cm	80 cm	90 cm
15°	5.3	7.9	10.5	13.2	15.8	18.4	21.1	23.7
20°	7.1	10.6	14.1	17.6	21.2	24.7	28.2	31.7
25°	8.9	13.3	17.7	22.2	26.6	31.0	35.5	39.9
30°	10.7	16.1	21.4	26.8	32.2	37.5	42.9	48.2
35°	12.6	18.9	25.2	31.5	37.8	44.1	50.5	56.8
40°	14.6	21.8	29.1	36.4	43.7	51.0	58.2	65.5
45°	16.6	24.9	33.1	41.4	49.7	58.0	66.3	74.6
50°	18.7	28.0	37.3	46.6	56.0	65.3	74.6	83.9
55°	20.8	31.2	41.7	52.1	62.5	72.9	83.3	93.7
60°	23.1	34.6	46.2	57.7	69.3	80.8	92.4	104
65°	25.5	38.2	51.0	63.7	76.5	89.2	102	115
73°	29.6	44.4	59.2	74.0	88.8	104	118	133
80°	33.6	50.4	67.1	83.9	101	118	134	151
85°	36.7	55.0	73.3	91.6	110	128	147	165
90°	40.0	60.0	80.0	100	120	140	160	180
95°	43.7	65.5	87.3	109	131	153	175	196
100°	47.7	71.5	95.3	119	143	167	191	215
110°	57.1	85.7	114	143	171	200	229	257
120°	69.3	104	139	173	208	243		
130°	85.8	129	172	215	257			
140°	110	165	220	275				
150°	149	224	299					

분사각과 높이에 따른 분사 폭 (Teejet사)

8. 노즐과 분사압력의 관계

분사노즐은 노즐에 걸리는 압력에 따라 분사입경이 달라지게 된다. 이는 면적당 분사 방울수와 관련이 깊어지게 되며, 분사 압력이 너무 낮을 경우 [펌프 당 사용되는 노즐의 분출량이 많을 경우(분사 량, 노즐의 수량 등)] 약해의 발생, 약효의 저하로 이어지게 되며, 분사압력이 너무 높을 경우 비산의 문제가 발생된다.

분사 압력 테스트를 위한 압력게이지

9. 원심노즐

기체의 다양화와 함께 방제 방법의 다변화가 시도되는 만큼 다양한 노즐이 방제용 드론에 사용 되고 있는데 그중 하나가 원심 노즐이다. 원심 노즐은 분사 구를 모터를 이용하여 회전시켜 분사를 하게 되며, 회전 속도에 의해 분

원심노즐

사되는 액체의 입경량을 변화시킬 수 있어 하나의 노즐로 다양한 입경의 약제 분사가 가능하다.

　다만 사용자가 작물이나 해충 방제 시 필요한 입경크기에 대한 지식이 없을 경우 오히려 방제 효과 저하나 약해의 발생 우려가 있기도 하다. 또한 분사구의 특성상 살포 폭이 매우 제한 적이다. 최신형의 원심 노즐의 경우 솔레노이드 밸브를 장착하여 약제 분사를 정밀하게 조절 가능하게 기능이 추가되기도 하며 정전식 노즐(정전기의 원리를 이용하여 비산을 줄이고 작물에 안착되기 쉽게 하는)의 기능을 추가　하기도 한다.

10. 드론 연무/연막 방제의 위험성

　드론을 이용한 다양한 방제 방법의 연구와 더불어 2020년 유행되어진 것이 연무/연막기를 드론에 장착한 드론 연무/연막 방제였다.

　드론용 연무/연막방제는 연무/연막 확산제와 사용 약재를 희석하여 이를 태운 연기를 이용한 방제 방법으로 약제의 산화에 의해 성분 변화가 일어나는 만큼 이화학적 변화가 검증되지 않은 일반 농약은 사용할 수 없는 방제 방법이다. 이 때문에 허가된 일부 살충제(모기, 파리, 나방, 매미 충, 선녀 벌레 등의 날 벌레)중 연무/연막 사용이 가능한 약제가 있어 방역이나 해충 방제용으로 사용 되고 있다.

　하지만 일부 드론 판매 업체에서 친환경 확산제를 미끼로 이를 사용하면 모든 농약을 사용 가능한 것처럼　광고, 판매 하고 있어 주의를 요해야 한다.

　선진국의 경우 농작물에 연무/연막 방제 시 반드시 제독용 마스크를 사용하도록 권고하고 있으며, 살균제의 사용은 금하고 있다. 또한 연무의 바람에 의한 비산 등으로 극히 제한적으로 사용되고 있다.

　일부국가(중국과 동남아 일부 국가)에서 일반 농약의 연무/연막을 사용하고 있다고는 하나, 우리나라의 경우 연무/연막용으로 사용 가능한 일반 농약(작물 보호 제)은 유통되고 있지 않다. 또한 일반 농약의 연무/연막 방제는 농약관리법으로 금지하고 있다.

🎞 드론을 이용한 농작물 연무 방제[2]

2) 산업용드론 농업용드론 카페 : 네이버 카페 (naver.com)

06 방제 시 응급조치 요령

CHAPTER

1 | 중독의 예방

농약의 중독으로부터 신체를 보호하기 위해서는 농약 성분이 신체로 유입되는 경로를 알아야 예방을 할 수가 있다. 농약은 주로 피부침투, 흡입, 음용 등의 요인으로 인체에 침투될 수 있다. 대부분 농약의 중독은 방제시의 분무되는 약제와 노출된 피부로 오염되거나, 코나 입의 호흡으로 폐가 오염되는 경우가 대부분이다. 때로는 약제의 희석 중에 맨손으로 농약에 접촉되거나 실수로 약제를 쏟아 신체에 묻게 된다.

농약을 사용할 때 입으로 음용 하는 경우는 극히 드물지만, 경구 노출 시 단시간에 심각한 중독증상을 일으킨다. 또한 제초제 등 몇몇 약제는 다른 농약에 비하여 더욱 많은 주의를 기울여야 한다.

항공방제의 특성상 약제의 희석비율이 매우 낮고 방제기체의 하향풍에 따라 약제가 비교적 멀리까지 비산되어 조종자 또는 신호수의 피부와 호흡기를 통해 중독 위험이 높다. 따라서 보호장비 외에도 안전한 비행거리를 확보하여 비산에 따른 중독을 예방해야 한다.

🎇 농약 중독 예방

1. 피부침투

농약은 매우 농축된 제품으로 소량으로도 중독을 일으킬 수 있다. 피부흡수는 농약에 의한 인체의 침투경로 중 가장 흔히 볼 수 있는 경로이다. 여름철에는 피부의 땀구멍이 열려 피부로의 흡수가 늘어나며, 상처 등이 약제에 노출될 경우 농약의 흡수가 매우 빨라진다. 약제를 희석하거나 혼합 할 때에는 맨손으로 약제를 만지는 행위를 절대 지양한다. 또한 약제가 희석 또는 배합 중에 피부에 튀거나 옷에 엎질러지는 것을 주의해야 하며, 저독성과 고독성을 떠나 어떠한 농약이라도 피부에 묻었거나 특히 눈에 들어갔을 때는 가능한 빨리 다량의 흐르는 물로 씻어내야 한다. 옷에 약제가 묻어 있을 경우, 직접적으로 피부에 닿지 않아 간과 할 수 있다. 그러나 장시간에 걸쳐 피부와 접촉 오염을 일으킬 수 있어서 반드시 세탁 후 착용한다.

🐾 피부 접촉 주의

1) 보호 의류

일반적으로 제조된 보호 의류는 면 100%나 폴리프로필렌 부직포로 제작된다. 약제로부터 몸의 대부분을 가릴 수 있고 충분한 보호기능이 있다. 하지만 방제현장에서 자주 사용하기에 내구성이 부족하여 자주 교체하여야 하고, 가격이 비싼 단점이 있다. 보호복으로 제조된 의류가 아니더라도 면제품의 긴소매도 좋고, 작업복으로써 피부를 최대한 많이 가려 피부의 직접 노출을 피하여야 한다. 단 면제품의 일반 의복은 직조 방법이나 두께에 따라 보호 기능의 차이가 발생하게 된다. 덥고 습한 여름철의 방제시기에 너무 얇은 소재의 작업복을 착용하지 않도록 주의한다.

작업복은 구멍이나 찢어진 곳이 있는 경우 반드시 새것으로 교체하거나 수선하여 피부 오염을 막아야 한다.

🧥 찢어진 작업복은 반드시 수선

2) 눈과 얼굴의 보호

얼굴의 보호 기구는 심한 더위 속에서도 착용 가능한 소재나 구조를 가지고 있어야 한다. 얼굴 전체를 가릴 수 있는 보안경은 매우 효과적인 보호기구로 보이지만, 비산에 따른 얼굴의 오염을 막기에는 부족하다. 안면부는 마스크, 스포츠용 버프 등으로 피부의 노출을 막고, 보호안경 등으로 안구 오염을 방지해야 한다. 단 스포츠 버프 등은 섬유의 두께가 매우 얇기 때문에 자주 교체하여 사용한다.

🧥 눈과 얼굴은 반드시 보호

3) 장갑

  일반적인 면장갑이나 코팅 장갑은 약제에 의한 피부오염을 방지하기 어렵다. 장갑에 약제가 묻을 경우, 오히려 장시간 피부 오염을 일으킬 수 있으므로 사용을 피해야 한다. 장갑 선택 시 손목의 윗부분까지 가릴 수 있는 길이의 고무제품의 장갑을 선정하는 것이 바람직하다.

  니트릴 고무로 만들어진 장갑은 여러 종류의 농약에 대한 보호 효과가 탁월하다. 소재가 매우 얇고 탄성이 좋아 작업 간 손놀림이 편하고, 약제를 잡을 때 미끄러짐 없이 단단히 잡을 수 있다. 또한 가격이 매우 저렴하여 일회용으로 사용하기에도 부담이 적다.

  장갑을 사용하기 전에는 반드시 찢어지거나 구멍이 없는지 확인하고, 고무 제품의 장갑이라 하더라도 여러 번 재사용 할 경우 장갑의 안쪽까지 세척하여 보관한다.

고무제품 장갑 착용

4) 장화

가죽이나 천으로 된 신발은 약제를 흡수하여 장기적인 피부오염을 일으킬 수 있고, 오염된 후 제거하기에도 매우 힘들다. 따라서 고무소재의 장화를 신는 것이 좋다. 장화의 선택 시 목이 짧은 제품을 피하고, 가능한 무릎아래까지의 것을 고르는 것이 좋다. 또한 목 부분에 끈이 있는 것을 선택하거나 바지를 장화 밖으로 내어 입어 이물질이 들어가지 않도록 해야 한다.

🐾 장화를 올바르게 신는 방법

2. 흡입

호흡을 통한 농약의 접촉은 대부분 비산되어진 약제의 작은 입자가 입이나 코에 닿을 정도로 날려 흡입되며, 휘발성 있는 약제는 가스 상태로 흡입되어 폐를 통해 흡수된다. 농약을 살포할 때에도 반드시 입과 코를 가릴 수 있는 마스크를 필히 착용하여야 하며, 농약의 희석, 배합 시에도 반드시 환기가 잘되는 조건에서 실시해야 한다. 또한 마스크의 경우 1회용이므로 사용 후에는 반드시 폐기하여 재사용하지 않는다.

🐾 반드시 마스크 착용

3. 경구노출(음용)

농약을 삼키는 것은 매우 빠른 시간에 심각한 중독증상을 일으킬 수 있으므로 실수로 농약을 먹는 일이 발생하지 않도록 한다. 간혹 분무기의 노즐이 막혔다고 입으로 불어 뚫으려고 시도하는 경우가 있다. 분무기의 노즐은 물에 씻는다고 하여도 완전히 세척되지 않으며, 경구에 의한 약제에 침투는 신체가 빠르게 중독되므로 절대로 하면 안 된다.

또한 방제 중 음식물을 섭취하거나 흡연을 피하고, 음료와 약제를 한곳에 두어 실수로 농약을 먹는 일이 발생하지 않도록 한다.(실제로 음료와 약제를 동일한 곳에 두어 방제 휴식 중 실수로 음용하여 매우 위급한 상황이 발생한 사례도 있다.)

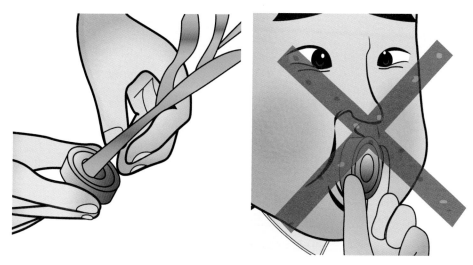

🦚 막힌 노즐을 해결하는 예

4. 기타

항공방제의 경우 창이 있는 모자 등을 착용하여 머리 부분의 오염을 방지해야 한다. 또한 희석된 약제통의 결함을 사전에 점검하여 운반 시 오염이 발생하지 않도록 한다. 방제 작업복 세탁 시 반드시 일상복과 분리하여 세탁하며, 매일 세탁하여 착용한다.

2 | 응급조치

1. 중독의 인식과 증상

중독의 증상은 흡수경로나 약제의 종류에 따라 다르게 나타나며 농약 중독 주요증상은 다음과 같다.

① **눈** : 가려움, 과도한 눈물, 안구가 뜨거워지는 느낌 등

② **피부** : 따가움, 가려움, 뜨거워지는 느낌 등

③ **호흡기** : 코가 매움, 숨이 가쁨, 가슴의 통증, 기침 등

④ **소화기** : 메스꺼움, 입과 목이 타는 느낌, 복통, 설사 등

⑤ **신경계** : 어지러움, 근육경련, 부정확한 발음, 의식불명 등

⑥ **그 밖의 반응** : 극도의 나른함, 극도의 피곤함 등

2. 응급처치 방법

1) 중독 문제점 파악

만약 농약에 의한 중독이 되었다고 판단된다면, 중독자에게 질문하거나 냄새를 맡는 등의 행동으로 상황을 파악 할 수 있다. 중독 의심 자 발생 시 빠르게 상황을 파악한 후 농약에 의한 중독으로 의심될 경우 적절한 응급조치를 통하여 중독의 속도를 늦추고 가능한 빨리 의료진에게 도움을 요청하여야 한다. 또한 중독 의심자의 정보를 의료진에게 전달하여 빠르고 효과적인 치료가 가능하게 하여야 한다.

① **질문** : 음주나 투약 여부, 방제를 진행한 시간, 사용 농약 종류 등을 질문한다.

② **냄새** : 농약은 특유의 냄새가 있기 때문에 다량의 약제에 노출되어 중독되었다면 중독자의 몸에서 나는 냄새로 오염 여부의 파악이 가능하다.

2) 응급조치 재료

① 물

방제작업 시 약제의 희석을 위해 항상 이용하는 것이 물이다, 하지만 깨끗한 물을 준비하지 않는 경우도 많다. 하지만 눈과 입, 얼굴 등 최소한의 세척을 위한 깨끗한 물은 방제 시 항상 준비 하도록 한다.

② 세제

오염된 피부를 효과적으로 세척하기 위한 세제를 준비한다.

③ 여분의 옷

만약 피부접촉에 의한 오염일 경우 대부분 의복에도 오염이 진행 되어진 경우가 많다. 따라서 중독자의 오염된 피부 등을 세척하고 오염된 의복을 환복할 수 있도록 여벌의 의류를 준비하여야 한다.

④ 기타 응급장비(콜라)

콜라는 작업자들이 음료로 애용하고 구하기 쉬우며 세정력 또한 우수하여 농약의 경구 오염 시 빠르고 효과적으로 응급조치가 가능하다.

3) 응급조치 방법

응급조치란 전혀 생각지도 못한 장소나 시간에 발생한 외상이나 질환에 대하여 빠르게 최소한의 조치를 취하는 것이다. 그래서 응급조치는 무엇보다 신속함이 중요하다.

① 기본 행동요령

중독이 진행된 환자는 심리적으로 안정되지 못하고 매우 흥분한 경우가 대부분이며, 의식이 없거나 구토 등으로 호흡이 곤란한 상황이 발행하기 쉬우므로 필히 환자를 혼자 방치하고 근처를 떠나지 않는 것이 중요하다.

또한 농약의 경구 오염 시 고독성의 치명적인 농약이 아니라면 고의 적으로 구토를 피해야 하며, 특히 환자가 의식이 없을 때에는 의도적 구토는 오히려 질식을 일으킬 수 있으므로 절대 하지 말아야 한다. 응급 환자의 최우선 사항은 호흡의 유지이다.

② 오염원 제거

농약을 엎지르거나 비산으로 인하여 피부 등에 과도하게 노출되었다면, 환자를 오염원에서 이동시키거나 약제의 분사를 중단하여 오염원에서의 지속된 노출을 막아야 한다. 또한 약제에 의해 오염된 의류를 벗기고, 피부, 눈, 머리등에서 오염물을 다량의 물과 세제로 세척하여야 한다. 이때 10~15분 정도 충분하게 씻어야 한다. 하지만 거친 수건 등으로 피부를 세게 미는 것은 금해야 한다. 특히 세척 시 눈의 경우 더욱 주의해서 씻어야 하며 눈꺼풀을 치켜들고 10분 이상 흐르는 물에 완전하게 씻어야 한다.

🐾 흐르는 물에 완전히 씻어내자

③ 호흡의 유지

만약 환자가 호흡을 멈추었다면 인공호흡을 실시하여야 한다. 다만 환자가 경구 오염으로 인한 중독이 발생한 경우 먼저 입에 손가락을 넣어 구토물이나 잔류 농약 등을 제거하고 입을 막은 후 입이 아닌 코에 바람을 불어야 처치자의 중독을 피할 수 있다.

④ 경련

중독 환자가 경련을 일으킬 경우 강제로 제지하지 말고, 주위에 상해를 입을만한 요소를 제거하여야 한다.

⑤ 그 밖의 주의 사항

중독 의심환자는 되도록 물 이외의 음료는 마시지 말고 의료진에게 진료토록 한다. 음료에 따라 농약의 흡수를 빠르게 하는 경우가 있기 때문에 주의하여야 한다. 또한 흡연이나 음주도 반드시 금지하여야 한다.

3) 농약의 독성

📓 농약의 독성기준 (단위 : 반수치사량.LD50) (출처: 농약정보서비스)

구분	실험동물의 반수를 죽일 수 있는 양 (mg/kg)			
	급성 경구		급성 경피	
	고체	액체	고체	액체
1급(맹독성)	5미만	20미만	10미만	40미만
2급(고독성)	5이상~50미만	20이상~200미만	10이상~100미만	40이상~400미만
3급(보통독성)	500이상~500미만	2000이상~2,000미만	1000이상~1,000미만	4000이상~4,000미만
4급(저독성)	5000이상	2,0000이상	1,0000이상	4,0000이상

📓 농약과 생활 주변물질과 독성 비교. (출처 : 농약정보서비스)

급성 독성 (반수치사량,*LD50)		
구분	품질명	LD 50(mg/kg)
1급(맹독성)	보톨리누스(식중독균) 테스트로독신(복어독) 아드레날린	0.00000032 0.0085 10
2급(고독성)	니코틴 카페인	24 174~192
3급(보통독성)	아드레날린	500
4급(저독성)	에틸알코올 설탕	7000 29000

07 비산

1 | 비산이란?

　농약의 사용방법은 농약의 종류와 작물에 따라 매우 다양하지만 가장 일반적인 사용방법은 "살포"로 이루어진다. 살포란 액체나 기체상태의 물질이나 약품을 공중으로 뿜어서 살포하는 것으로, 이때 살포입자가 공중에 흩어져 살포의 대상이 되는 작물이 아닌 외부작물로 흩어지는 것을 비산이라고 말한다.

　목표물 이외의 대상에 도달하게 되는 경우는 크게 두 가지로 나뉘게 된다.

　첫째는 살포를 실시하는 분무용 기계(광역 살포기 등)의 강한 압력에 의해 살포의 대상이 되는 작물의 재배범위를 넘어서 직접적으로 외부작물에 도달하는 경우이다. 이 경우 직접방제에 의한 살포 량과 비슷한 양의 약제가 외부작물에 도달하기도 한다.

　둘째는 바람에 의한 것으로 분사되는 입자의 크기가 작은 것은 공기 중에 떠돌기 쉬우며, 바람에 의해 공중으로 부양하여 외부작물에 도달하게 된다. 앞에서도 언급한바와 같이 무인비행장치의 경우, 비행 중 발생되는 하향 풍을 효과적으로 이용하여 분사된 약제를 작물에 도달하게 한다. 하향풍의 범위는 크지 않은 면적이지만, 비행장치의 조작방법과 자연풍의 풍속과 풍향에 따라 비산의 범위가 넓어질 우려가 있다.

　항공방제기의 경우 살포고도가 높게 되면 하향풍이 강한 무거운 기체라도 약제의 공기 중 비산이 발생하게 된다. 무인 멀티콥터의 경우 회전축이 여러 개이며, 기체의 무게가 무인 헬리콥터에 비하여 가벼워 발생되는 하향풍도 적어지게 된다. 따라서 동일 수준의 조종사가 조종을 한다면 무인 멀티콥터에서 비산을 더욱 줄일 수 있게 된다.

2 | 비산 시의 문제점

비산 시의 문제점으로는 약제 살포지역 인근의 외부 작물에 약제 오염이 발생되거나, 살포지역 인근 주민에 대한 영향, 취수장, 양식장 등 수역의 오염 등을 들 수가 있다. PLS 제도가 시행된 시점에서 방제지역 인근 지역에 재배되는 농산물의 오염 위험이 발생한다. 살포되는 농약의 종류와 인근 재배지의 작물이 무엇이냐에 따라 문제 발생이 될 수도 있고, 되지 않을 수도 있다. 일반적으로 수확시기가 가까운 경엽채류가 인근 지역에 재배되고 있다면 문제가 될 가능성이 매우 높다. 특히나 좁은 농경지에 다양한 작물을 재배하고 있는 경우 재배 작물에 따라 문제가 발생하게 된다.

또한 위에 언급 한 대로 살포 인근 지역에 취수장, 양식장 등 수역이 있다면, 더욱 주의가 필요하다. 인근에 식수원이 있는 경우는 농약의 종류에 관계없이 특별한 주의가 필요하다. 양식장의 경우 생선류뿐만 아니라 갑각류에도 영향을 미치므로 어독성이 높은 약제 사용 시 특별히 주의해야 한다.

3 | 비산의 위험 요소

1. 과수(산림) 방제

과수는 일반적인 원예작물에 비하여 살포기체의 비행고도가 높고, 살포 량이 많기 때문에 인근지역 까지 비산되는 약제의 양도 많아 잠재적인 영향이 가장 우려된다. 또한 하향 풍과 와류를 이용하여 잎의 밑 부분에 약제를 부착시키기 위하여 분사 입경이 작은 노즐을 주로 사용하게 되므로 자연풍의 영향을 받으면, 비산되는 지역이 급격히 늘어나게 된다.

2. 여러 종류의 작물 재배지

위에서 언급한바와 같이 여러종류의 작물을 하나의 재배지에서 재배 할 경우 인접지역에서 방제 시 비산으로 인한 영향을 회피하기란 쉽지 않다. 또한 여러 종류의 작물 재배지는 수확시기가 작물별로 달라 수확된 작물의 잔류농약기준치를 초과할 수 있다.

3. 수도작

일반적으로 논은 단지들이 모여 있어 비산되어도 문제가 발생할 확률이 적은 것으로 생각하여 주의를 소홀히 하는 경우가 있지만, 논둑 등에 심겨있는 콩 등은 농약 검출이 쉬운 작물과 섞여 있을 경우 특별한 주의가 필요하다.

4. 기타 방제지의 경계부분 살포시 주의할 사항

일반적으로 방제지 중앙 부분에서의 비산은 문제가 거의 발생하지 않는다. 이유는 비산된 약제의 대부분이 방제지 안에 낙하하기 때문이다. 하지만 방제지의 경계 부분에서는 방제지역 외부로 비산되어 약제가 낙하할 확률이 높아진다. 또한 기상조건, 비행고도, 살포방법에 따라 20~30m까지도 비산되는 경우가 발생하므로 특별한 주의가 필요하다. 바람이 강할 경우 무리하게 약제를 살포하지 않는다.

4 | 비산의 대책

무인 비행장치의 비산 대책을 마련할 때에는 크게 두 가지로 구분한다. 첫째는 무인 비행장치의 효율적인 살포운용으로 무인 비행장치의 살포고도, 비행속도, 분사압력, 분사 노즐 등 조종자에게 해당되는 사항이다. 둘째는 항공방제를 의뢰한 농민 및 관계기관 등에 해당 되는 내용으로 살포 주변지역의 작물, 시설, 약제의 선정 등을 고려해야 한다.

1. 약제의 항공 살포에 따른 특성 이해

항공방제는 항공기가 비행할 때 발생되는 하향 풍을 이용하여 방제하는데, 분사노즐에서 분사되는 약제를 작물에 효과적으로 사용하여 분사효율을 높이게 된다. 살포 고도가 관행방제에 비하여 높은 만큼 약제의 비산이 발생하기 쉬우며, 노즐의 잘못된 선택과 토출압력 조절이 잘못되면 분사 입경 크기의 감소로 인해 작물에 도달하지 않고 공기 중에 비산되는 약제가 많아지게 된다. 따라서 작물이 도복 등의 문제가 발생하지 않고 비행 안전에 영향을 주지 않는다면, 가능한 고도를 낮게 비행하는 것이 비산을 줄일 수 있는 방법이다.

보통 논에 사용하는 관행방제용 노즐은 순풍을 받을시 20m정도의 비산 범위를 갖는다. 무인 헬리콥터의 경우 자연풍의 조건 등에 따라 50m 정도의 비산거리를, 멀티콥터의 경우 30m 정도의 비산거리를 갖게 된다. 이렇듯 무인 비행장치 방제는 잠재적인 비산의 위험을 가지고 있기 때문에 살포면적이 크거나 살포 량이 많을수록 더욱 세심한 주의가 필요하다.

하향풍의 강도는 무인 비행장치의 무게에 비례한다. 같은 무게라면 회전익이 작고 로터의 회전수가 많더라도 전제 하향 풍은 같게 된다. 같은 무게의 비행장치는 회전익의 크기, 수량이 달라도 전체 하향 풍은 같다.

2. 적정한 양의 살포

작물에 약제를 살포하는 경우 약제의 일정량은 작물에 떨어지게 된다. 일정량 이상의 약제가 과도하게 살포되어 흐르게 되더라도 약제의 효과와 기능에는 차이가 발생하지 않는다. 작물이나 병, 충에 따라 약간의 차이가 발생(면적당 분사방울의 수) 하지만, 작물 전체에 고루 약제가 살포 되었다면 적정한 양이라고 할 수 있다.

동일 조건의 방제기를 사용하였을 경우 같은 재배면적에 살포량이 많아질수록 비산량은 늘어나게 된다. 즉 같은 면적에 두 배의 약제를 살포하였다면 비산된 약제도 두 배가 된다. 따라서 작물의 생장 주기에 따라 필요 이상의 과도한 약제를 살포하지 않도록 한다. 반대로 과도한 약제의 절감은 방제효과를 낮추고, 의도하지 않은 재방제를 실시하여 비산이 늘어나는 경우도 있으니, 적정량을 살포하는 것을 권장한다.

3. 적정한 노즐과 분사 압력의 선택

앞에서 다루었듯이 노즐은 각 종류마다 고유의 분사압력을 가지고 있다. 적정압력 이상으로 분사를 할 경우 분사입경이 과도하게 작아지게 되며, 이로 인하여 후방세류, 자연풍에 의한 비산이 늘어나게 된다.

일부 노즐의 경우 분사 각도와 입경량을 키워 분사되는 입자가 가진 무게를 늘려 비산을 제거 하기도 한다. 하지만 이런 경우 약제의 희석배율을 늘려 면적당 살포 량을 늘려야 동일한 방제효과를 볼 수 있다.

4. 바람에 따른 영향

방제 실시 중 자연풍의 풍속이 비산과 관련이 있다는 것은 이미 밝혀진 사실이다. 언제든지 사용할 수 있도록 풍속계를 휴대하여 살포 시 살포대상 지역에서 어느 방향으로 비산이 예상되는지, 비산의 거리는 얼마나 될 것인가를 예측해야 한다. 일반적인 무인비행장치의 살포는 3m/s 이하에서 실시하며, 평균풍속이 기준에 맞다 하더라도 순간풍속이 급격히 증가하는 돌풍이 있을 때는 바람이 줄어든 후 방제하는 것이 바람직하다. 초속 3m/s 이상의 바람이 불 때 고도 2m 이상으로 비행을 해야 하는 조건이라면 부득이한 경우를 제외하고 살포를 중지하는 것이 좋다.

풍속이 초속 5m/s, 고도 2m 이상에서 방제를 실시하면 30~50m에 이르는 광범위한 지역에 비산이 발생하며, 비행 안전성에 악영향을 주므로 반드시 살포를 중지해야 한다.

5. 방제지역 주변 홍보

비산에 따른 피해를 최소화하기 위해서는 방제지 주변에 비산의 영향을 받기 쉬운 작물이 재배되고 있는지, 추수를 앞둔 작물의 유, 무 여부 등의 파악이 중요하다. 방제 실시 전 사전에 주변 작물, 친환경 단지 등의 우려 지역을 파악하여 살포 작업 전에 대책을 수립해야 한다.

살포 예정일 이전에 인근의 재배농가, 이장, 관계자, 주민 등에게 방송, 서면, 면담을 통해 연락을 해야 한다. 살포 예정일과 살포지역에 대한 예정 시간을 미리 공지하여 가능한 조치를 해야 한다.

6. 비산 방지대책 수행

비산이 우려되는 수면(양식장, 염전 등)과 시설 하우스, 축사 등을 파악하고 방제 관계자와 방제 의뢰자, 업체 관계자 등이 함께 공유하여 대책을 수립한다. 시설 하우스, 축사 등은 환기장치를 닫는 등의 조치를 취하여야 하므로 사전에 해당 지역 예상 방제 시간을 공지해야 한다. 방제지역 인근의 비산이 우려되는 지역에 수확을 앞둔 작물이 있을 경우 관계자 간에 살포 일정을 조정하여 비산으로 인한 피해를 방지해야 한다. 가능한 방제지역에 깃발 등을 미리 설치하여 파악되지 않은 지역의 재배농가도 비산

방지 등의 대책을 수립할 수 있도록 한다.

재배지에 살포되는 약제가 주변 작물에도 사용 가능한 등록 약제인지 파악한다. 사용되는 약제가 방제지 주변의 작물에도 사용 가능하다면 비산 시 문제가 발생될 위험은 현저히 줄어들게 된다.

7. 살포 기구의 세척

비산지역이 아닌 방제 살포지에 의도하지 않는 약제의 잔류가 발생하기도 한다. 무인 비행장치의 약제 통, 호스, 노즐 등이 완전히 세척되지 않으면 이전 방제약액이 남아있거나 표면에 붙어 있다가 살포될 경우 부분적인 고농도 잔류를 일으킬 수도 있다. 또한 무인 비행장치의 약제 희석 특성상 고농도 희석이 많으므로 대형 약제 통에 많은 양을 희석한 후 소분하여 사용하는 경우, 희석 약제통의 표면에 잔류 약제가 많을 수 있으며, 세척 또한 힘든 경우가 발생될 수 있다.

무인 비행장치를 선택할 때는 약체통의 분리가 쉬운 것을 선택하여, 약제에 따라 약제 통을 교체하거나 손쉽게 세척할 수 있어야 한다.

또한 약제는 살포작업 종료 후에 신속하게 세척하는 것이 무엇보다 중요하다. 약제를 신속하게 세척하지 않은 경우 약제가 굳어 세척이 어려워지며, 경우에 따라 분사 펌프고장, 노즐 막힘의 원인이 되기도 한다.

또한 세척 시 발생된 약제의 잔액이나, 세척액이 하천에 유입되지 않도록 한다. 잔류 약재는 별도로 모아 폐기하고, 기체 외부에 오염된 약제도 물티슈 등으로 세척하여 모아두었다가 지정 폐기물과 함께 폐기한다. 세척 시 발생하는 약제오염 폐수를 최소화한다.

참고로 비산 약제의 도달거리를 알아보면, 약제의 비산은 약제의 종류, 살포 당시의 기상상태 등의 요인에 따라 비산된 약제의 거리가 다르게 된다. 살포방법, 기상의 조건에 따라 10m에서 최대 50m까지가 비산의 영역에 포함될 수 있다.

08 방제 차량준비

CHAPTER

1 | 방제차량의 필수 준비요소

1. 물탱크

방제 현장에서는 약제를 희석하기 위한 물이 필요하다. 따라서 방제차량에서 물탱크는 제일 먼저 준비되어야 하는 물품 중에 하나다.

🔰 방제용 차량 (출처 : 한국항공방제)

일반적인 방제에 있어서 일과 중 정오시간 때의 방제는 실시하지 않는다. 그러므로 오전, 또는 오후에 사용할 만큼의 희석용 물이 필요하며, 통상적으로 200리터의 양이면 부족하지 않다. 다만 물의 배수가 중력에 의하고, 물탱크의 형상이 낮은 편이라면 그 이상이 필요하다. 또한 방제사와 신호수간에 약제 희석도중 오염된 손 등을 씻게 되므로 200리터의 양은 최소의 양이라고 볼 수 있다.

일부 방제사는 방제의 편의를 위해 대형 물탱크에 약제를 모두 희석하여 사용하는 경우가 있는데, 이는 매우 좋지 않은 방법이다. 약제에 따라 침전물이 발생하는 경우도 있다. 희석 직후에는 이상이 없지만 약제를 혼용하여 사용할 경우, 시간이 지남에 따라 약제의 엉김현상이 발생하여 못 쓰게 되는 경우도 발생한다. 또한 탱크 벽면에 남아있는 약제를 깨끗이 씻어내기란 거의 불가능하기 때문에 타 작물 방제 시 해당 작물에 등록되지 않은 잔류농약이 검출될 가능성이 높아진다.

2. 기체 결박

방제용 비행장치는 매우 민감한 센서들이 집합된 FC로 비행하도록 구성되어 있다. 차량의 이동 중에 기체가 안전하게 결박되어 있지 못하다면 기체의 물리적인 파손을 일으키게 된다. 일반적인 1톤 트럭 등에 바로 기체를 올려서 이동하게 되면 기체의 스키드와 차량의 충격으로 IMU의 센서가 오작동하는 경우가 있다. 기체를 차량에 고정할 때 반드시 차량과 기체 사이에 완충작용을 할 수 있는 스펀지나 스티로폼 등을 구비하여 결박해야 한다. 하루에도 수십 번에 이르는 상하차 작업이 이루어지게 되므로 상하차 시 불변함은 물론, 허리 및 어깨, 손목 등의 상해를 방지하게 위하여 별도의 슬라이딩시스템 등을 장착하여 사용하도록 권장한다.

슬라이딩 시스템의 방제용 차량(자료 : 스카이라인)

3. 충전

 일반적으로 대단위 단지 방제에서는 오전 방제 작업만으로도 20회 이상의 비행을 하게 된다. 20대분의 배터리를 가지고 다닌다고 하여도 날씨와 지형조건에 따라서 배터리가 부족하여 방제작업을 중단하는 경우가 발생하게 된다. 따라서 방제 중에도 충전이 이루어질 수 있도록 차량에 충전이 가능하게 준비를 해두어야 한다. 이동 중의 충전은 안전과 편의를 위해 차량의 **교류발전기**Alternator에서 발생되는 전기를 이용하는 것이 현명하나, 충전기의 종류와 차량의 종류에 따라서 구성이 불가능한 경우가 있다. 충전기에 따라 12V의 DC 전원을 바로 인가하여 사용 가능한 제품도 있지만, 최대 2대정도의 충전기만 사용이 가능하며 충전시간도 비교적 느린 편이다.

 인버터를 사용 220V로 승압하여 충전기를 사용할 경우, 충전시간은 비교적 줄어들게 되지만 추가로 인버터와 충전기에 따라 서플라이를 구비하여야 하므로 시스템 구성이 복잡해질 수 있다.

 마지막으로 가장 보편적으로 사용하는 발전기는 운행 도중 배기가스가 순환될 수 있게 구성해야 하고, 휘발유로 운영되기에 화재에 특별히 주의를 해야 한다. 방제 중 연료의 소모로 시동이 꺼진 발전기에 연료를 주입하다가 발전기의 열이 발화되어 화재가 발생하는 경우를 종종 볼 수 있다. 발전기 사용 시는 발전기를 차량에 완전히 고정해야 하며, 운영 중의 주유는 절대 금하여야 한다. 발전기는 3KW의 용량이라면 3KW 모두 사용하는 것이 아닌 70% 정도의 2KW 내외를 사용하는 것이 발전기와 배터리 수명을 연장하는데 도움이 된다.

🔋 방제용 차량의 배터리 충전(자료 : 스카이라인)

4. 세척기

방제 후나 방제 중 기체나 운영자의 손등을 세척하기 위하여 세척기를 준비하는 것이 좋다. 방제 후의 기체는 거의 모든 부분이 약제에 오염되어 있다. 약제의 종류에 따라 시간이 지나면 거의 제거가 불가능한 경우가 발생하므로 방제 작업이 종료되면 기체나 차량을 즉시 세척하는 습관을 가져야만 한다. 한여름철의 수도작 방제는 대기온도가 높아 잠깐의 이동 중에도 노즐 등이 말라 분사가 되지 않는 경우가 있으니, 세척기는 매우 중요하게 사용된다.

5. Compressor

방제 중에는 노즐과 노즐 안의 거름망이 막히는 경우가 종종 발생하게 된다. 이때 노즐을 물에 씻어 입으로 불어 막힌 노즐의 이물질을 제거하는 경우가 가끔 있을 수 있다. 방제에 사용된 노즐, 호스, 펌프의 부속물 등은 물로 씻어 표면이 깨끗해 보일지라도 약제의 성분이 남아있으므로 절대 입으로 부는 일을 금지한다. 또한 방제 중에는 농로 위주의 차량 운행이 많아 차량의 펑크 등 불미스러운 일이 종종 발생하게 되므로 펑크 수리키트와 공기 주입기 등을 구비하는 것이 좋다.

09 방제비용의 산출 방법

CHAPTER

방제 단가의 결정은 수익 구조의 가장 많은 부분을 차지하게 된다. 방제 지형, 방제 방법, 작물에 따라 방제비용을 산출해야 한다. 같은 작물이라고 하여도 지형에 따라, 밀집도에 따라 방제비가 달라지며, 이를 고려한 적절한 방제비용을 산출이 중요하다.

1 | 지형에 따른 방제단가 산출방법

1. 수도작 농지 방제비용 산출

수도작의 경우 지형적 고려조건 중 가장 첫째는 농지의 평면도이다. 밭벼가 아닌 일반 수도작 논은 물을 사용하기에 단지의 지형이 평면으로 방제단가 산출이 가장 쉽다. 또한 방제 면적도 가장 많이 차지하기 때문에 이를 기준으로 등급 지를 나누어 산출하는 것이 좋다. 수도작 방제비용의 산출방법은 아래와 같다.

수도 방제비용의 산출방법

구분	수도작	
1급지		1. 사각형의 경지정리가 되어있는 논이 연속되는 지형 2. 이웃한 경작지와의 고도차이가 거의 없는 지형 3. 이웃한 경작지를 연속으로 방제하는 지역
2급지		1. 사각형의 경지정리가 되어있는 논이 연속되는 지형 2. 이웃한 농지와 고도차이가 심한 지형 3. 경지정리가 되었지만 농지의 끝단에 장해물(시설하우스, 과수, 산)이 있는 경우. 4. 1급지의 지형이지만 방제지가 개별적이고 연속되지 않아 이동시간이 많이 필요한 지역

3급지		1. 경지정리가 되지 않아 농지의 모양이 모두 다른 지역. 2. 산비탈 등에 위치하여 농지의 면적이 작으며, 농지 주위에 장해물이 많은 지역. 3. 인접한 농지와 고도차이가 심한 지역

수도작의 경우 현재 무인비행장치(헬리콥터, 멀티콥터) 모두 10리터의 희석 약제 당 방제면적을 0.8~1ha 정도로 시행하고 있다. 하지만 방제 지형의 특성에 따라 사고의 위험성, 비행시간에 따른 연료, 배터리, 엔진, 모터 등의 소모율, 시간당 방제 가능 면적이 모두 달라진다. 같은 작물이라 할지라도 이를 고려하여 방제 단가를 산출해야 한다.

2. 밭작물 방제비용 산출

밭작물의 경우 벼와는 달리 대규모의 단지가 연속으로 붙어있는 경우가 매우 드물기 때문에 벼와는 다른 방제비용 접근이 필요하다. 지형 이외에 방제 방법에 따라 방제비용의 산출식이 달라진다.

밭작물 방제비용의 산출방법

구분	밭작물
1급지	1. 논에 심겨있는 밭작물 (농지의 지형이 수평인 곳)
2급지	1. 논에 심겨있는 밭작물 중 재배지 인근에 장해물이 많거나 모양이 특정되지 않는 지형 2. 밭에 심겨진 밭작물(경사도 10도 이하의 비탈면에 심겨진 밭작물)
3급지	1. 경사도 10도 이상의 경사지에 심겨진 밭작물(대부분 산에 위치) 2. 차량의 접근이 어려운 지형. 3. 재배지의 주변에 나무 등의 비행 방해요소의 산재

2 | 작물에 따른 방제단가 산출 방법

방제비용은 가장 많은 면적을 차지하고 있는 벼를 기준으로 산출하는 것을 권장한다. 2019년 현재 벼의 방제비용은 1ha당 90,000~100,000원이 통용되고 있다. 이는 많은 지역의 벼 공동방제용 정부 지원 예산을 기준으로 농민의 자부담을 최소화하고, 정부

지원금만으로 방제비용을 충당하려는 지방자치단체와 대규모 공동방제 면적을 수행하려는 방제단의 다년간 계약체결로 업계에 이미 통용되는 단가이다. 다만 1ha당 90,000~100,000원의 방제비용은 어디까지나 예방 방제를 위한 방제 방법이다. 즉 10리터를 기준으로 1ha를 살포하는 방법에 한하여 적용될 수 있다고 하겠다. 실제 농약 제조사 등도 10리터를 기준으로 1ha 면적의 방제가 가능하다고 표기된 약제를 판매하고 있다. 그러나 방제 현장에서 예방 방제가 아닌 병, 충해가 발생된 지역에서의 이와 같은 방제 방법은 효과가 매우 떨어지게 된다.

예를 들어 노린재와 같은 충이 논에 다량으로 발생하였을 때에는 살포 높이, 비행 속도 등이 달라지며 일반적으로 통용되는 10리터당 1ha의 방제 방법에 60%~50%의 효율까지 낮아지게 된다. 따라서 작물과 제거하고자 하는 병, 충에 따른 방제 방법이 상이함을 이해하고 방제 비용을 산출하여야 할 것이다.

또한 밭작물의 경우 농지의 모양, 고도차, 주변 장애물 등이 작업 효율을 떨어트리고, 추돌사고의 위험을 매우 높이는 인자가 되기 때문에 이를 고려하여 방제비용 산출에 적용해야 한다.

밭의 경우 앞에서 설명하였듯이 방제 방법이 벼와는 매우 다르며, 효과적인 방제를 위해서는 10리터당 살포면적이 벼 대비 50%~30%까지 낮아지게 된다. 또한 1ha당 방제비용 산출의 근거가 되는 공동방제와는 달리 농지가 집단화되어 있지 않아 1일 방제 가능 면적이 더욱 줄어들게 된다. 따라서 작물에 따른 방제 방법을 고려해야 한다.

방제 지역과 따른 작물에 따른 방제 단가 산출방법의 예 (출처 : 한국 항공방제)

방제종류	방제요율	방제종류	방제요율
수도작(논)	경지정리, 평지, 연속된 논 30×100%	나무방제	논에 심은 나무 30×210%
	경지정리, 계단식, 연속 논 30×162%		밭에 심은 나무(경사도 5% 이하) 30×250%
	다랭이논 30×175%		산비탈에 심은 나무 (경사도 10% 이하) 30×300%
밭작물	논에 심은 밭 작물 30×175%	산림방제	벌목된 산지 30×250%
	밭에 심은 밭 작물 (경사도 5% 이하) 30×185%		과실수 조성된 산지(경사도 10% 이하) 30×300%
	산비탈에 심은 밭작물 (경사도 10% 이하) 30×200%		야산 30×400%

VII

형태(유형)별
항공방제작업

1. 수도작
2. 원예
3. 과수
4. 잔디
5. 산림
6. 대표적인 병, 해충

01 수도작

CHAPTER

1 │ 초, 중기 제초방법

5~6월 벼의 이앙 전과 후 제초제를 살포하며, 살포시기에 따라 살포 방법이 다르므로 주의해야 한다. 1차 제초제는 벼의 이앙 전 또는 이앙 후 3일 이내에 실시한다. 하지만 일부 약제의 경우 이앙 이전 7일까지 사용하며, 발아 시 문제가 발생할 수 있으므로 약제의 사용 전에 반드시 살포시기, 살포 방법 등을 숙지해야 한다.

무인비행장치용 제초제는 대부분이 유탁제나 액상수화제의 형태를 가지며, 직 분사 노즐을 사용하여 살포한다. 초기 제초제는 이앙 전 논의 물에 희석되며, 살포 후 약 5m 정도의 확산거리가 있다. 따라서 1차 제초제의 살포는 3구 직분사 노즐을 이용하여 살포하는 것이 효과적이다. 살포고도는 노즐에 따라 3~5m 정도를 유지하는 것이 좋다.

중기 제초조제의 살포는 이앙 이후에 행해지며, 제초제에 의한 작물(벼)의 오염을 최소화하기 위하여 1구 노즐을 사용하고, 작물과 수직이 되도록 살포하는 것이 바람직하다. 직파 논의 경우 물 빼기를 시행하여 논에 담수가 없어 경엽처리를 하게 된다. 이때 살포량, 살포 방법에 따라 직물에 약해가 가해지는 경우가 발생한다.

또한 제초제의 경엽처리 과정에서 이웃 재배지에 제초제가 비산되어 발아 장애 등 약해가 발생할 우려가 높으므로 제조제 살포 시 바람이 없는 날에 시행하는 것이 좋다.

초, 중기 제초제의 살포 시 가능하면 희석하여 사용하지 않는 것이 좋으며, 부득이한 경우 1:1 이상으로 희석하지 않도록 한다.

2 | 1·2차 방제

현재 대부분의 무인비행장치를 이용한 수도작의 방제는 10리터를 기준으로 하여 1ha를 살포하고 있다. 하지만 무인비행장치의 종류, 기체의 무게, 사용 노즐의 선택과 수량, 노즐의 위치에 따라 방제효과가 다르게 나타난다. 현재 가장 많이 사용하고 있는 110015 노즐을 이용하여 수도작 방제 시 효과적인 방제 방법을 규명하려고 테스트를 진행하였는데, 그 내용은 아래와 같다.

수도작 방제 시 살포높이에 따른 약제 도달 비율(출처: 한국항공방제)

살포높이	비행속도 m/sec	직접 살포 폭 (비산 제외)	벼 밑 부분 도달 (100%)
1.5m	3.6	3.2m	43%
2.5m	3.2	3.7.m	26%
3.5m	2.9	4.2m	19%
4m	2.6	4.6m	8%
5m	2.1	5m	4%

비행 장치의 살포 높이에 따라 하향풍의 풍속과 살포 폭은 무인비행장치의 형식, 크기, 노즐 위치에 따라 다르며, 벼 밑부분에 감수지를 사용하여 낙하 입자수를 백분위하였다. 수도작의 경우 작물이 원예작물과는 달리 매우 밀집 재배가 되기 때문에 살균제 이외에 살충효과를 기대하기 위하여 벼의 밑부분까지 약제가 도달해야 한다. 현재 주로 사용되는 자체 중량 15kg 미만의 방제용 멀티콥터를 기준으로 지표면과 분사노즐의 위치가 1.5m 이내일 경우, 벼의 밑부분까지의 약제 도달률이 가장 높은 것으로 나타났다. 이러한 분사 방식을 이용하였을 때 방제면적과 살포 폭을 고려하면, 무인비행장치의 비행속도는 3~4m/sec의 속도를 가져야 10리터의 약제로 1ha의 방제가 가능하다는 결론이 나온다. 또한 1.5m의 저공비행 시 실제 작물과 비행 장치의 간격이 1미터 정도로 비행속도가 2m/sec 이하로 낮아질 경우 도복(작물이 비나 바람 따위에 쓰러지는 일)이 발생하기 시작하였다.

또한 비행고도 1.5m와 2.5m의 밑면 도달률이 약 17% 정도 차이가 발생하는 것을 알 수 있다. 현재 수도작의 방제는 대부분 예방 방제나 충 발생 시 효과적인 살충효과를 위하여 지면 1.5m 정도의 비행고도를 유지하는 것이 바람직한 것으로 나타났다. 하지만 이러한 비행 방법은 장해물의 회피, 재배지 끝단에서 턴 동작 시 사고의 위험이 높으며, 조종자의 숙련도, 기체의 종류와 FC 세팅에 따라 매우 위험한 상황을 초래할 수도 있다. 고도 4미터 이상에서는 하향풍을 이용하여 살포 약제를 작물의 밑부분까지 도달시키기 어렵고, 바람에 의한 약제의 비산이 매우 심하여 피하는 것이 좋다

수도작의 1차 기본 방제에서는 벼 이삭이 출수되기 이전이며, 벼가 성체되지 않아키가 작아 도복의 피해 발생률이 낮고, 효과적인 방제를 위하여 1.5m 정도의(지면 기준) 고도로 살포를 해야 효과적이다. 또한 이 시기에는 잎도열병, 이삭도열병, 잎진무늬마름병 등을 위한 살균제와 벼멸구, 혹명나방류, 이화명나방류 등의 살충방제가 필요하다.

2차 보완 방제는 벼의 종류와 각 재배지의 이앙시기에 따라 이삭의 출수, 개화, 여물기 등 작물의 생장주기가 다르므로 방제지 작물의 생장주기에 따라 방제 고도, 방제속도를 달리해야 한다. 또한 이 시기의 방제 시 출수, 개화, 여물기 등이 진행되는 재배지의 경우 비행 고도를 1차 기본 방제보다 1m~2m 정도 높게 설정하여 도복, 이삭목 꺾임, 뽑힘, 수정불량 등이 발생하지 않도록 주의해야 한다.

드론의 농약 살포 조건에 따른 크기별 낙하 입자의 수
(*기준 : 10리터 1ha방제 teejet社의110015 노즐 2개를 사용 실험)

살포 조건		입자 크기별 낙하 입자 수(개/㎠)			
살포 높이	비행 속도	>0.5mm	0.5~0.2mm	0.2mm<	계
2m	3m/sec	28	35	43	106
	4m/sec	24	22	33	79
3m	3m/sec	22	29	32	65
	4m/sec	19	22	14	55
4m	3m/sec	18	20	19	55
	4m/sec	11	16	8	35
5m	3m/sec	18	18	6	42
	4m/sec	10	8	2	20

수도작 항공방제 등록 살균제는 다음과 같다.

🐛 수도작 항공방제 등록 살균제 1

제품명	제조사	성분명	병해충	안전사용기준	
헬리건	팜한농	아족시스트로빈, 페림존	목도열병, 세균벼알마름병, 잎집무늬마름병, 키다리병, 흰잎마름병	수확 30일 전	2회 이내
클릭	팜한농	아족시스트로빈, 헥사코나졸	잎집무늬마름병	수확 60일 전	2회 이내
명의	팜한농	에폭시코나졸, 오리사스트로빈	목도열병, 잎집무늬마름병	수확 30일 전	3회 이내
솔라자	팜한농	카프로파미드	목도열병, 세균벼알마름병, 흰잎마름병	수확 30일 전	2회 이내
넘보원	팜한농	카프로파미드, 이미녹타딘트리아세테이트	목도열병, 세균벼알마름병, 흰잎마름병	출수 전	2회 이내
장타	팜한농	티플루자마이드	잎집무늬마름병	수확 30일 전	3회 이내
명궁	팜한농	페녹사닐	목도열병, 세균벼알마름병, 흰잎마름병	수확 30일 전	2회 이내
공중전	팜한농	헥사코나졸, 티아디닐	목도열병, 잎집무늬마름병, 흰잎마름병	수확 30일 전	3회 이내
필승	팜한농	헥사코나졸, 티플루자마이드	잎집무늬마름병	수확 30일 전	3회 이내
항공스타	경농	아족시스트로빈, 발리다마이신에이	목도열병	출수기	1회 이내
논사랑	경농	페림존, 트리사이클라졸	목도열병, 세균벼알마름병, 이삭누룩병, 흰잎마름병	수확 21일 전	3회 이내
오호라	경농	페림존, 티플루자마이드	목도열병	출수 전	1회 이내
내논사랑	경농	페림존, 플룩사피록사드	목도열병	출수 기	1회 이내
영그네	경농	펜사이큐론, 티플루자마이드	잎집무늬마름병	출수 전	2회 이내
몬카트	경농	플루톨라닐	잎집무늬마름병	출수 2일 전	2회 이내
신호탄	동방 아그로	가스가마이신, 오리사스트로빈	목도열병, 세균벼알마름병, 이삭누룩병, 잎집무늬마름병, 흰잎마름병	수확 40일 전	3회 이내
논 가드	동방 아그로	가스가마이신, 트리사이클라졸	목도열병	수확 21일 전	3회 이내

🌾 수도작 항공방제 등록 살균제 2

제품명	제조사	성분명	병해충	안전사용기준	
골든벨	동방 아그로	가스가마이신, 티오파네이트메틸	목도열병	출수 전	1회 이내
여의봉	동방 아그로	티플루자마이드, 티아디닐	세균벼알마름병, 잎집무늬마름병, 흰잎마름병	수확 30일 전	3회 이내
올크린	농협 케미컬	오리사스트로빈	목도열병, 잎집무늬마름병, 키다리병, 흰잎마름병	수확 30일 전	3회 이내
골드미	농협 케미컬	트리사이클라졸, 발리다마이신에이	목도열병, 세균벼알마름병, 잎집무늬마름병	출수 전	2회 이내
명성	농협 케미컬	페녹사닐, 프탈라이드	목도열병, 세균성벼알마름병	수확 30일 전	2회 이내
휘파람	농협 케미컬	페림존, 발리다마이신에이	목도열병, 잎집무늬마름병, 키다리병, 흰잎마름병	출수기	1회 이내
후치왕	한국삼공	아이소프로티올레인	목도열병	수확 30일 전	3회 이내
벼천왕	한국삼공	페녹사닐, 티플루자마이드	목도열병, 세균벼알마름병, 잎집무늬마름병, 키다리병	수확 30일 전	2회 이내
가마니에이	한국삼공	페림존, 프탈라이드	목도열병, 흰잎마름병	수확 30일 전	3회 이내
안빌	한국삼공	헥사코나졸	잎집무늬마름병	수확 60일 전	2회 이내
뉴텍	신젠타코리아	헥사코나졸, 트리사이클라졸	목도열병, 잎집무늬마름병, 키다리병	출수 전	2회 이내
아리킬트	신젠타코리아	아족시스트로빈, 프로피코나졸	목도열병, 흰잎마름병 잎집무늬마름병	수확 30일 전	2회 이내
헤드웨이	신젠타코리아	아족시스트로빈, 프로피코나졸	목도열병	수확 30일 전	2회 이내
들판	성보화학	아족시스트로빈, 트리사이클라졸	잎집무늬마름병	수확 30일 전	2회 이내
투샷	성보화학	페림존, 펜사이큐론	목도열병, 잎집무늬마름병	수확 60일 전	2회 이내
아끼미	성보화학	프로피코나졸, 티오파네이트메틸	목도열병	수확 40일 전	2회 이내
아프로포	아마다코리아	아족시스트로빈, 프로피코나졸	흰잎마름병	수확 30일 전	2회 이내
울타리	바이엘크롭사이언스	펜사이큐론, 테부코나졸	잎집무늬마름병	수확 40일 전	2회 이내

수도작 항공방제 등록 살충제는 다음과 같다.

🐛 수도작 항공방제 등록 살충제 1

제품명	제조사	성분명	병해충	안전사용기준	
올인원	팜한농	클로란트라닐리프롤, 클로티아니딘	벼멸구, 애멸구, 흑명나방, 흑다리긴노린재	수확 14일 전	3회 이내
런너	팜한농	메톡시페노자이드	흑명나방	수확 30일 전	2회 이내
열풍	팜한농	뷰프로페진, 플루벤디아마이드	벼멸구, 애멸구, 흑명나방	수확 30일 전	2회 이내
토박이	팜한농	비티아이자와이엔티423	흑명나방		
명타자	팜한농	에토펜프록스	벼멸구, 이화명나방(1화기), 이화명나방(2화기), 흑명나방	수확 14일 전	3회 이내
바로확	팜한농	에토펜프록스, 메톡시페노자이드	노린재류, 벼멸구, 이화명나방(1화기), 이화명나방(2화기), 흑명나방	수확 14일 전	3회 이내
스튜어드 골드	팜한농	인독사카브	흑명나방	수확 21일 전	3회 이내
눈깜짝	팜한농	클로란트라닐리프롤	이화명나방(1화기), 이화명나방(2화기), 흑명나방	출수 전	1회 이내
보스	경농	디노테퓨란	노린재류, 벼멸구, 애멸구, 흑명나방	수확 14일 전	3회 이내
벨스모	경농	메타플루미존	흑명나방	수확 30일 전	2회 이내
세베로	경농	에토펜프록스	노린재류, 벼멸구, 애멸구, 흑명나방	수확 50일 전	1회 이내
쾌속탄	경농	에토펜프록스	노린재류, 벼멸구, 애멸구, 흑명나방	수확 14일 전	3회 이내
살리미	경농	에토펜프록스, 메타플루미존	벼멸구	출수 전	1회 이내
비상탄	경농	에토펜프록스, 테부페노자이드	노린재류, 애멸구	수확 14일 전	3회 이내
미믹	경농	테부페노자이드	흑명나방	수확 30일 전	3회 이내
밧사	경농	페노뷰카브	벼멸구, 애멸구	수확 21일 전	3회 이내
프라우스	동방 아그로	크로마페노자이드, 에토펜프록스	벼멸구, 애멸구, 흑명나방	수확 90일 전	1회 이내

수도작 항공방제 등록 살충제 2

제품명	제조사	성분명	병해충	안전사용기준	
유토피아	동방아그로	클로티아니딘, 메톡시페노자이드	애멸구, 혹명나방	수확 21일 전	3회 이내
충로드	동방아그로	클로티아니딘, 테부페노자이드	애멸구, 혹명나방	수확 21일 전	2회 이내
신나고	동방아그로	플루벤디아마이드, 티아클로프리드	벼멸구, 애멸구, 혹명나방	수확 14일 전	3회 이내
슐탄	농협케미컬	디노테퓨란	노린재류, 벼멸구, 애멸구, 혹명나방	수확 14일 전	3회 이내
청실홍실	농협케미컬	디노테퓨란, 에토펜프록스	벼멸구, 애멸구, 이화명나방(2화 기), 혹명나방, 흑다리긴노린재	수확 14일 전	3회 이내
젠타리	농협케미컬	비티아이자와이	혹명나방		
하이메트릭스	농협케미컬	크로마페노자이드	혹명나방	수확 14일 전	3회 이내
펙사론	농협케미컬	클로란트라닐리프롤, 트리플루메조피림	벼멸구, 혹명나방	수확 60일 전	1회 이내
마징가	농협케미컬	클로란트라닐리프롤, 티아클로프리드	벼멸구, 애멸구, 이화명나방(2화 기), 혹명나방	수확 14일 전	3회 이내
빅뱅	한국삼공	플루벤디아마이드	혹명나방	수확 30일 전	3회 이내
애니충	한국삼공	플루벤디아마이드	혹명나방	수확 40일 전	3회 이내
빅애니	한국삼공	클로티아니딘, 플루벤디아마이드	벼멸구, 이화명나방(2화기), 혹명나방	수확 14일 전	3회 이내
빅카드	한국삼공	클로티아니딘	벼멸구	수확 14일 전	3회 이내
쏘로스	신젠타코리아	클로란트라닐리프롤	이화명나방 (2화기) 혹명나방	수확 14일 전	3회 이내
볼리암후레쉬	신젠타코리아	클로란트라닐리프롤, 티아메톡삼	벼멸구,혹명나방	수확 14일 전	3회 이내
뚝딱	성보화학	크로마페노자이드, 클로티아니딘	벼멸구, 혹명나방	수확 21일 전	3회 이내
엄선	성보화학	뷰프로페진, 크로마페노자이드	벼멸구	수확 30일 전	1회 이내
코니도	바이엘크롭사이언스	이미다클로프리드	애멸구	수확 14일 전	3회 이내

02 원예

CHAPTER

1 개요

1.밭작물 방제에 무인 비행장치(멀티콥터) 운용 시 발생하는 문제점

① 무인 비행장치 조종자의 숙련도와 살포방법의 설정 등 방제자의 역량에 따라 불 균일 또는 방제효과가 저하될 우려가 높다.

② 방제효과를 고려하여, 살포농도, 살포 량, 비행고도, 비행속도 등의 기준이 미흡(일정하지 않다)하다.

③ 항공방제용으로 사용 가능한 약제의 수가 적다.

④ 밭작물 방제 방법이 수도작과는 상이하여, 노즐의 막힘이 빈번하게 발생한다.

⑤ 대부분의 밭작물이 경사지에 위치하고, 경작지 끝부분에 나무 등의 장해물이 있는 경우가 대부분이어서 위험성이 높아진다.

⑥ 방제방법, 노즐의 선택 등에 따라 잎 윗면에만 약제가 살포되는 경우 약제살포의 약효가 감소할 수 있다.

⑦ 수도작과는 다른 비행 방법으로 바람에 의한 영향을 많이 받게 되며, 비산 또한 심하다.

2. 밭작물의 방제에 무인 비행장치(멀티콥터) 운용 시 발생하는 문제점 해결방안

① 조종사의 비행 숙련도를 향상 시킨다.

② 작물별 방제 매뉴얼을 작성하여, 살포농도, 살포 량, 비행고도, 비행속도에 따른 방제효과를 기록하고 매뉴얼 화 한다.

③ 노즐 막힘 등의 상황에 신속히 대처 할 수 있는 여분의 노즐, 세척 망 등을 준비한다.

④ 지형지물, GPS 좌표 등을 활용하여 중복살포를 최소화 한다.

⑤ 비행고도, 노즐의 선택을 정확하게 하고, 침투 확산제 등을 사용하여 약효 저하를 방지한다.

⑦ 밭작물의 경우 바람이 적은 시간에 살포하는 것이 효과가 좋다. 2m/s이하의 풍속에서 방제하는 것이 가장 효과적이다.

밭작물 방제 권장 비행 기준

구분	현행(수도작 기준)	권장 비행 기준
10리터를 이용한 방제	1ha 방제	0.3~0.4ha 방제
비행 속도	3~4m/sec	1.5~2.5m/sec
비행고도(15kg기준)	1차 방제 1~2m 2차방제 2~3m	2.5~3.5m

수도작과 달리 밭작물의 경우, 수직면 외 윗면과 밑면에도 약제가 살포되어야 한다. 높이별로 윗면, 수직면, 밑면을 측정할 수 있도록 감수지 부착장치를 만들어 무인비행장치(멀티콥터)의 비행고도와 낙하 입자수를 비교하여 보았다. 기준은 10리터 0.4ha방제, teejet社의 11001 노즐 4개를 사용하였다.

드론의 살포 조건에 따른 낙하 조건별 입자 수(출처: 한국항공방제)

살포 조건		감수지 측정 높이	낙하 입자 수 (개/㎠)		
비행고도(m)	비행 속도		윗면	수직면	밑면
3	2.5m/sec	30cm	61	26	16
		60cm	81	21	14
		90cm	84	24	15
		입자수	196	71	45
	4m/sec	30cm	40	30	8
		60cm	54	19	7
		90cm	66	19	4
		입자수	160	68	19
4	2.5m/sec	30cm	44	25	3
		60cm	60	13	1
		90cm	72	7	2
		입자수	176	45	6
	4m/sec	30cm	24	4	0
		60cm	47	2	0
		90cm	52	3	0
		입자수	123	9	0

🌿 작물별 감수지 활용 테스트의 예(출처 : 한국항공방제)

2 | 고추 방제

1. 고추 방제방법 제안

고추 작물의 항공방제 시는 작물을 기준으로 2~3m의 비행고도와 초속 2m/sec의 비행속도를 유지한다. 고추작물에는 살포시 확산 보조제를 혼합 살포하여야 효과를 높일 수 있다. 수도 작물용으로 주로 사용되는 110015또는 11001의 노즐을 사용하여 10리터당 0.3ha정도를 방제하는 것이 효과가 좋다.

방제는 일출 후 3시간 이내 또는 해지기 3시간 이전부터 방제를 실시해야 하며, 일광 조건에서 방제를 실시할 경우 약해의 우려가 있다. 또한 노즐의 위치가 되도록 작물 위가 아닌 고랑을 위치하여 실시하면, 후방 세류로 인한 잎의 흔들림이 효과적으로 발생하여 잎의 뒷면에 묻는 양이 늘어나게 된다.

2. 고추작물에 무인 비행장치 방제 시 문제점과 해결방안

2018년 말 기준으로 볼 때, 고추 작물에 살포 가능한 항공방제용 약제가 거의 없다. 고추, 담배, 거새미나방의 경우 무인비행장치 방제 시 방제효과가 최대 50%정도로 낮으므로 해당 충 발생 시 관행 방제로 대체하여야 한다. 일부 액제에 따라 5배 이하의 고농도 희석 시 약해의 우려가 있으므로 항공방제로 담배나방, 총재벌레, 역병, 희비단병 등은 효과적인 방제가 어렵다.

농약의 종류와 희석 배수의 예

구분	약제 희석 배수
탄저병	디페노코나졸(80배), 피라클로스트로(80배), 만데스트로빈(80배), 데부코나졸(60배), 아족시스트로빈(20배)
세균 점무늬병	스트렙토마이신황염(20배) 하이드로클로라이드(20배), 옥시테트라사이클린(20배)
진딧물	아세타미프리드(20배), 아바벡틴(20배), 사이안트라닐리프롤(20배), 설폭사플로르 (20배)

고추 작물의 경우 10:1이상의 배율로 희석할 경우, 대부분의 약제에서 약해가 일어나지 않는다. 다만 사이안트라닐리프롤이 주성분인 살충약제의 경우 20:1의 희석 배수에도 약해가 발생하므로 사용에 주의해야 한다.

3 | 양파 방제

1. 양파 방제방법 제안

양파 작물의 항공방제 시는 작물을 기준으로 2~3m의 비행고도와 초속 1.5~2.5m/sec의 비행속도를 유지한다. 양파 살포 시 확산보조제를 혼합 살포하여야 효과를 높일 수 있다. 노균병의 경우 7일 간격으로 3~4회 방제한다. 기온 20℃ 이상에서 볕이 강한 경우, 멀칭 처리된 하부 온도가 30℃ 이상 시 방제를 실시하면 약해의 우려가 있을 수 있다.

0.4ha당 10~15리터의 희석 약제를 사용하여 살포해야 높은 효과를 얻을 수 있다. 강수 후 1~2일 이내에 항공 방제를 실시 할 경우 수분을 흡수한 줄기가 무거워 도복이 발생하기 쉬우므로 작물 기준 3m 이상으로 비행하는 것이 좋다. 양파의 경우 11015 또는 11002 노즐 4개를 사용하면 좋다. 3:1배수까지 약제를 희석하여도 약해의 발생은 낮으나 병충해의 방제효과가 매우 떨어지게 되므로 8:1 이상 희석하여 충분한 양을 살포해야 한다.

2. 양파작물의 무인 비행장치 방제 시 문제점

2018년 말 기준으로 볼 때, 양파 작물에 살포 가능한 항공방제용 약제가 거의 없다. 2019년 봄 현재에 일부 약제가 등록 대기 중이다. 2018년 말 기준으로 양파 작물에 살포 가능한 항공방제용 병은 노균병, 흰잎마름병, 잿빛곰팡이병 등이다.

2019년 봄 기준 항공방제용 양파작물의 항공방제 등록 살균제는 다음과 같다.

⁂ 양파 항공방제 등록 살충제

제품명	제조사	성분명	병해충	적용작물	안전사용기준	
원프로	팜한농	사이아조파미드. 플루오피콜라이드	노균병	양파	수확 30일 전	3회 이내
젬프로	팜한농	아메톡트라딘. 디메토모르프	노균병	양파	수확 30일 전	3회 이내
조르벡 바운 티	팜한농	파목사돈. 옥사티아피프롤린	노균병	양파	수확 14일 전	3회 이내
모두랑	팜한농	플루아지남	잿빛곰팡이병	양파	수확 7일전	4회 이내
퀸텍	경농	피카뷰트라족스	노균병	양파	수확 14일 전	3회 이내
미리카트	경농	사이아조파미드	노균병	양파	수확 7일 전	3회 이내
영일 베스트	농협 케미컬	프로피코나졸. 테부코나졸	잎마름병	양파	수확 60일 전	3회 이내

4 | 배추 방제

배추 항공방제 등록 살균제는 다음과 같다.

⁂ 배추 항공방제 등록 살균제

제품명	제조사	성분명	병해충	적용작물	안전사용기준	
젬프로	팜한농	아메톡트라딘. 디메토모르프	노균병	배추	수확 30일 전	3회 이내
모두랑	팜한농	플루아지남	뿌리혹병	배추	정식기	3회 이내
퀸텍	경농	피카뷰트라족스	노균병	배추	수확 7일 전	3회 이내
미리카트	경농	사이아조파미드	노균병	배추	수확 14일 전	3회 이내
프로키온	한국삼공	피라클로스트로빈	노균병	배추	수확 14일 전	3회 이내

배추 항공방제 등록 살충제는 다음과 같다.

배추 항공방제 등록 살충제

제품명	제조사	성분명	병해충	적용작물	안전사용기준	
포워드	팜한농	메톡시페노자이드, 설폭사플로르	복숭아혹 진딧물, 파밤나방	배추	수확 40일 전	3회 이내
자칼	팜한농	비스트리플루론, 에토펜프록스	파밤나방	배추	수확 55일 전	3회 이내
승승장구	팜한농	비스트리플루론, 플루벤디아마이드	파밤나방	배추	수확 40일 전	3회 이내
바로확	팜한농	에토펜프록스, 메톡시페노자이드	파밤나방	배추	수확 60일 전	1회 이내
섹큐어	팜한농	클로르페나피르	파밤나방, 파총채벌레	배추	수확 14일 전	1회 이내
살리미	경농	에토펜프록스, 메타플루미존	벼룩잎벌레	배추	수확 21일 전	1회 이내
엑설트	동방 아그로	스피네토람	파밤나방	배추	수확 27일 전	1회 이내
만루포	한국삼공	카보설판	벼룩잎벌레	배추	수확 45일 전	1회 이내

5 | 파(쪽파) 방제_제안사항(경험)

파 작물의 항공방제 시는 작물을 기준으로 2~3m의 비행고도와 초속 1.5~2.5m/sec의 비행속도를 유지하면 좋다. 약제 살포시 확산 보조제를 혼합 살포하여야 효과를 높일 수 있다. 기온 25℃이상에서 볕이 강한 경우 방제를 실시하면 약해의 우려가 있다. 또한 파의 경우 5:1이하의 고배율로 약제를 희석할 경우 약해의 우려가 있다.

파의 경우 11015 또는 11002 노즐 4개를 사용하여 10리터당 0.3ha정도를 방제하는 것이 가장 효과가 좋게 나타났다. 파(쪽파) 항공방제 등록 살균제는 다음과 같다.

파(쪽파) 항공방제 등록 살균제

제품명	제조사	성분명	병해충	적용작물	안전사용기준	
젬프로	팜한농	아메톡트라딘, 디메토모르프	노균병	파 쪽파	수확 30일 전	1회 이내
퀸텍	경농	피카뷰트라족스	노균병	파 쪽파	수확 14일 전	3회 이내

파(쪽파) 항공방제 등록 살충제는 다음과 같다.

파(쪽파) 항공방제 등록 살충제

제품명	제조사	성분명	병해충	적용작물	안전사용기준	
레이서	팜한농	비스트리플루론, 클로르페나피르	파밤나방, 파총채벌레	파 쪽파	수확 14일 전	1회 이내
섹큐어	팜한농	클로르페나피르	파밤나방, 파총채벌레	파 쪽파	수확 14일 전	1회 이내
온사랑	경농	에토펜프록스, 메톡시페노자이드	파밤나방	파 쪽파	수확 60일 전	1회 이내
엑셀트	동방 아그로	스피네토람	파밤나방	파	수확 27일 전	1회 이내
맬럿 플러스	농협 케미컬	플루페녹수론, 메타플루미존	조명나방, 파밤나방	파 쪽파	수확 21일 전	3회 이내

6 | 콩 방제

콩 항공방제 등록 살균제는 다음과 같다.

콩 항공방제 등록 살균제

제품명	제조사	성분명	병해충	적용작물	안전사용기준	
매카니	팜한농	아메톡트라딘, 디메토모르프	탄저병	콩	수확 14일 전	3회 이내
영일 베스트	농협 케미컬	프로피코나졸, 테부코나졸	탄저병	콩	수확 14일 전	2회 이내
스트로비	농협 케미컬	크레속심메틸	탄저병	콩	수확 14일 전	2회 이내

콩 항공방제 등록 살충제는 다음과 같다.

콩 항공방제 등록 살충제

제품명	제조사	성분명	병해충	적용작물	안전사용기준	
자칼	팜한농	비스트리플루론, 에토펜프록스	톱다리개미허리 노린재	콩	수확 14일 전	2회 이내
명타자	팜한농	에토펜프록스	톱다리개미허리 노린재	콩	수확 18일 전	2회 이내
바로확	팜한농	에토펜프록스, 메톡시페노자이드	톱다리개미허리 노린재	콩	수확 14일 전	2회 이내
타스타	농협 케미컬	비펜트린	톱다리개미허리 노린재	콩	수확 14일 전	3회 이내

7 | 옥수수 방제 - 제안사항(경험)

옥수수 작물의 항공방제 시는 작물을 기준으로 2m 정도의 비행고도와 초속 1.5~2.5m/sec의 비행속도를 유지한다. 옥수수 작물에 살포 시 확산보조제를 혼합 살포해야 효과를 높일 수 있다. 기온 30℃ 이상에서 볕이 강한 경우 방제를 실시하면 약해의 우려가 있다.

옥수수의 경우 11015 또는 11001 노즐 4개를 사용하여 10리터당 0.5ha 이하의 면적에 방제를 권장한다. 옥수수 항공방제 등록 살균제는 2018년 말 기준으로 볼 때 자료를 찾기 어렵다. 옥수수 항공방제용 등록 살충제는 다음과 같다.

옥수수 항공방제용 등록 살충제

제품명	제조사	성분명	병해충	적용작물	안전사용기준	
자칼	팜한농	비스트리플루론, 에토펜프록스	조명나방	옥수수	수확 40일 전	1회 이내
맬럿 플러스	농협 케미컬	플루페녹수론, 메타플루미존	조명나방, 파밤나방	옥수수	수확 21일 전	3회 이내

8 | 감자 방제

감자작물의 항공방제 시는 작물을 기준으로 2.2~3.5m높이의 비행고도와 초속 1.5~2.5m/sec의 비행 속도를 유지한다. 감자 살포시 확산 보조제를 혼합 살포하여야 효과를 높일 수 있다. 감자의 경우 11015 또는 11001 노즐 4개를 사용하여 10리터당 0.5ha이하의 면적을 방제 권장 한다. 감자 항공방제 등록 살충제와, 살균제는 다음과 같다.

감자 항공방제 등록 살충제

제품명	제조사	성분명	병해충	적용작물	안전사용기준	
젬프로	팜한농	아메톡트라딘, 디메토모르프	역병	감자	수확 14일 전	3회 이내

감자 항공방제 등록 살균제

제품명	제조사	성분명	병해충	적용작물	안전사용기준	
트랜스폼	팜한농	설폭사플로르	복숭아 혹 진딧물	감자	수확 15일 전	1회 이내

03 / 과수

CHAPTER

1 │ 과수 방제 방법(제안)

과수의 방제는 살포고도를 나무의 윗부분에서 1~2m 정도로 하며, 비행속도는 1m/sec 정도를 유지해야 한다. 과수의 경우 효과적인 방제를 위하여 10리터의 약제로 0.1~0.2ha를 방제하는 것이 효과적이다.

또한 110010 정도의 작은 노즐을 사용하여 분사 입경 크기를 작게 한다. 하향풍과 상승 와류를 이용하여 잎의 아래 부분에 약제가 부착될 수 있도록 해야 한다. 방제 시의 위치는 조종자의 시야 확보를 위해 과수보다 높은 위치에서 하는 것이 안전하다.

2 │ 멀티콥터로 과수방제 시 참고 사항

살포량이 관행 방제에 비하여 극소량으로 잎 뒷면의 약제 부착 양이 매우 적다. 확산보조제 등을 혼용 살포하여 방제효과를 향상시킬 수 있으나, 과수의 경우 고농도 다량살포보다 저농도 다량살포가 매우 효과적이다. 조종자가 과수나무보다 높은 위치에서 관찰하면서 조종할 수 있도록 별도의 환경을 조성해야 안전하게 방제할 수 있다. 과수의 종류에 따라 잎이 크고 넓은 작물보다 잎이 작은 작물이 방제 시 고른 약제 도달성을 보인다.

과수의 항공방제 시 재배지의 수형이 T나 Y형으로 하여 잎의 겹침이 적을수록 항공방제의 효과가 높게 나타나지만, 수형의 겹침이 많을 경우 높은 방제효과를 기대하기 어렵다.

04 / 잔디

CHAPTER

잔디의 경우 병이 비슷하여 진단이 매우 어려우며, 살균제의 사용으로 약해 우려가 매우 높다. 충제를 사용할 경우 110015 또는 11001의 노즐을 사용하고 10리터당 0.7ha~1ha 정도 면적을 살포 권장한다. 잔디 방제의 경우 약해 우려가 높아 현재 다양한 기관에서 연구가 진행 중에 있다.

잔디 방제

05 / 산림

CHAPTER

1 | 소나무 재선충 병

현재 소나무 재선충 병의 매개 충을 살충하기 위하여 여러 가지 항공 방제방법의 연구가 이루어지고 있으나, 매개충의 밀집 도를 낮추는 것 이외에 재선충을 살충하기에 드론을 활용하는 것은 효과가 미약(거의 없다)하다고 판단하고 있다.

따라서 다양한 연구기관에서 방법을 연구하고 있다.

2 | 돌발해충

미국 선녀벌레, 매미 충 등의 돌발 해충을 방제할 경우 110015 또는 11001의 노즐을 사용하여 방제를 실시한다. 대부분의 돌발 해충은 산기슭 인접한 곳에 주로 나타나며, 특히 뽕나무가 있는 곳에 밀집도가 높은 경우가 종종 있다.

돌방 해충의 방제 시 해당 농지만 방제해서는 큰 효과를 기대하기 어려우며, 인접지역을 모두 방제해야 살충효과를 볼 수 있다. 산비탈에 위치한 농지의 경우 고소작업차량 등을 활용하여 시야를 확보해야 한다. 돌발 해충의 효과적인 방제를 위해서는 방제 농지 인근 50m 이상의 비탈면을 방제해야 한다. 한편, 경사도가 낮은 경우 살포면적이 비약적으로 늘어날 수 있음을 염두에 두어야 한다.

산림방제에서 확산 보조제는 다음과 같다.

🦌 산림방제 확산 보조제

확산 보조제	제조사	주 성 분	확산 비율(%)	효 과
나노웨트	신성미네랄	질소, 수용성 망간, 수용성 붕소, 수용성 카리	309	침투 흡수 강화
스프레드	에코바이오	수용성 붕소, 수용성 몰리브덴	166	확산
스피드메이드	새란 아그로	수용성붕소, 수용성 몰리브덴	144	확산, 침투 거품방지
깨끄시	네오팜	수용성붕소, 수용성 몰리브덴	141	거품방지, 약흔제거, 효과상승

나노웨트의 경우 아족시스트로빈, 만데스트로빈, 디테코나졸, 옥시테트라사이클린하이드로클로라이드, 스트렙토마이신황산염, 피라클로스트로빈 성분의 약제와 혼합 시 확산 비율이 제일 높았다.

🦌 산림 방제 (출처 : 한국항공방제)

06 대표적인 병, 해충

CHAPTER

1 | 먹 노린재

1970년대 보고된 해충으로 일부 지역에서 나타나기 시작하다가 2000년대에 들어서 전국적으로 나타나고 있으며, 주로 산간지역에서 두드러지게 발생 하고 있다. 형태는 알, 약충, 성충형태가 있다.

생태는 1년에 1세대를 거치며, 낙엽 등에서 성충으로 월동 후 6월경 농지로 이동한다. 7월 상순경이 성충의 최대 발생시기이며, 약충은 7월 하순~9월까지 발생하게 된다. 또한 새로운 성충은 8월 하순부터 수확기까지 활동하며 농작물에 피해를 입힌다.

피해 증상은 성충과 약충 모두 줄기에 침을 박고 수액을 빨아 피해를 입히게 된다. 흡즙된 주변이 퇴색되며, 줄기의 끝부분부터 말라 죽거나 새로운 잎이 나오지 못한다.

방제 방법으로 먹노린재는 약제에 의한 방제효과가 높은 편이어서 1회 살포만으로도 밀집도를 현저히 낮출 수 있지만, 수도 작물의 경우 현재 시행되는 10리터를 활용하여 1ha를 방제하는 방법으로는 효과적인 방제가 불가능한 것이 현실이다. 수도 작물의 경우 고도와 비행속도를 낮추고 10리터당 0.5ha 정도의 면적을 방제하여, 충에 약제가 직접적으로 묻을 수 있도록 방제해야 충분한 효과를 기대할 수 있다. 노린재의 최적 방제 시기는 6월 하순~7월 상순이다.

2 | 멸강 나방, 혹명 나방

생태는 연간 2회 정도 발생하며, 5월 하순~6월 상순, 7월 하순~8월 상순에 주로 발생한다. 멸강나방의 경우 중국에서 날아와 피해를 주며, 최근 세종시와 나주지역에서 발생 빈도가 높아지고 있다.

피해 증상으로 멸강나방은 주로 옥수수 등의 전작물에 발생하지만, 벼에서도 피해가 발생한다. 멸강나방의 피해는 주로 일부 지역에 개체 수가 급격하게 증가하여 4령이후에 폭식을 하게 되어 발생한다. 수일 이내에 작물에 큰 피해를 입히게 된다. 벼의 경우 논의 중앙보다 논두렁을 위주로 피해 면적이 늘어나며, 야간에 논둑을 타고 인접논으로 이동하여 피해를 입히게 된다.

예찰 방법은 농지 주변의 목초지, 옥수수 등 기주식물 등을 예찰하여 유충을 발견하게 되면 즉시 방제해야 한다.

방제 방법은 고온 다습한 날씨가 계속될 경우 수일 내 밀도가 급격하게 증가하여 피해를 입히므로 피해를 입은 잎을 발견 즉시 약제를 살포해야 한다. 멸강나방의 경우 초기 방제에 실패할 경우 피해가 빠르게 늘어날 수 있다. 혹명나방의 경우 유충이 벼잎을 말아 그 속에서 잎을 갉아 먹게 되는데, 입이 말린 후에는 약제 살포에 따른 살충효과가 떨어지게 되므로 피해 잎(말린 잎)의 발견 즉시 약제를 살포해야 한다.

3 | 멸구

생태는 6월~7월 하순에 주로 발생하며 월동은 불가능하다. 주로 벼포기 아래에서 집단 서식하며, 9월에 최성기가 된다. 대부분의 비래해충은 남중국에서 저기압을 타고 국내로 유입되며, 장마철, 태풍 발생 이후에 주로 발생하게 된다.

피해 증상으로 멸구는 주로 벼포기 아래에 집단으로 서식하며, 벼의 즙액을 흡즙하여 피해를 발생시킨다. 벼의 성장이 더디어지며, 벼의 수량이 감소하고, 심한 경우 벼가 고사하게 된다. 벼멸구의 발생 빈도가 높을 경우 부분 고사 및 집단 고사현상이 발생하게 된다.

예찰 방법은 수면에서 10cm 이내의 볏대를 살펴서 알 수 있다. 방제 방법으로 벼멸구는 산란 일에서 부화 후 5일 이내(약 25일)에 방제해야 효과적이다. 벼멸구의 특성상 벼의 밑단에 서식하므로 충분한 하향풍을 이용하여 벼의 밑단까지 약제가 살포될 수 있도록 한다. 수도 작물의 경우 현재 시행되는 10리터를 활용하여 1ha를 방제하는 방법으로는 효과적인 방제가 불가능하다. 고도와 비행속도를 낮추고 10리터당 0.5ha 정도의 면적을 방제하여 충에 약제가 직접적으로 묻을 수 있도록 방제해야 충분한 효과를 기대할 수 있다.

4 | 도열병

도열병은 벼의 목, 마디, 가지, 벼알 등 모든 부위에 발생하며, 벼이삭이나 목에 발생하는 도열병은 수확량에 직접적인 영향을 주게 되므로 발병 전, 후에 철저한 방제가 요구된다. 생태는 벼 이삭이 피는 시기에 주로 발생한다.

방제 방법으로 도열병의 발병 후에는 치료가 잘 되지 않아 피해가 크므로 출수 이전에 예방 방제를 실시하는 것이 좋다. 목도열병의 경우 출수 10일 이내부터 이삭 핀 후 20일까지가 균의 침입기간이므로 이 기간이 방제의 적기라 볼 수 있다. 1차 방제는 이삭 필 때이며, 2차 보완 방제는 1차 방제 후 7일~10일 경과 후이다.

5 | 노균병

노균병은 양파, 배추, 참외, 오이 등에 발병하는 병해로 가장 쉽게 걸리면서도 재발이 쉬워 잘 치료가 되지 않는 병이다. 노균병은 포자낭을 형성하여 쉽게 공기 중에 퍼지며 작물의 잎 표면에 있는 물방울에 헤엄쳐 확산하고 꼬리를 떼어낸 후 발아하여 침입한다. 노균병은 잎에만 걸리는 병이므로 광합성 양이 떨어져 과실로 가는 양분이 부족하여 발생하고, 하단부에 발생 시 상위로 급속하게 진전된다.

방제 방법으로 노균병은 계통이 다른 약제를 선별하여 교차 살포하는 것이 효과적이며, 같은 약제를 반복 살포할 경우 방제효과가 떨어지게 된다. 양파와 같은 잎이 수직으로 자라는 작물의 경우 잎의 하단부까지 약제가 도달할 수 있도록 방제를 실시해야 한다. 도복이 되지 않는 선에서 최대한 하향풍의 영향을 받도록 하는 것이 효과적이다. 또한 최소 2회 이상 10일 간격으로 살포해야 노균병을 효과적으로 방제할 수 있다.

6 | 탄저병

탄저병은 6월 장맛비가 뿌리기 시작하면 발병한다. 고추, 사과, 감, 수박 등에 붙어 회복되지 않는 반점을 형성하여 상품성을 저하시킨다. 탄저병은 29℃ 이상의 고온과 습기가 많을 때 급속도로 발병하게 된다. 병원균은 주로 비바람에 의해 전파되므로 비바람을 동반하거나 태풍이 불게 되면 급격히 전파된다. 또한 곤충에 의하여 2차 감염이 발생하게 된다. 고추의 경우 풋고추보다는 붉은 고추에 발병이 심하게 나타난다.

방제 방법은 6월 장마기부터 포자의 비산이 발생하므로 비가 멈추면 발병 초기부터 살포해야 효과를 볼 수 있다. 비바람이 불거나 강수 이후에 반드시 탄저병 적용 약제를 살포하는 것이 좋다.

탄저병이 발생된 식물체를 조기에 제거하여 전이를 막아야 높은 살균효과를 볼 수 있다. 2차 전염을 발생시킬 수 있는 충제를 같이 살포하는 것이 효과적이다.

VIII

방제드론 구매 시
착안사항

1. 자가 방제용과 방제 사업용

2. Copter 형태별 장 · 단점

3. A/S의 신속도와 자가 수리

01 자가 방제용과 방제 사업용

CHAPTER

국내에는 수십여 종의 방제용 드론이 판매되고 있다. 가격으로 볼 때 저렴하게는 400만원~5,000만원대로 가격의 폭도 매우 크고 기체의 종류나 특성도 각양각색이다. 기체 구입에 앞서 사용용도와 목적에 맞는 방제용 드론을 선택하여야 하며, 드론의 특성에 따라 방제효율이 증감될 수 있음을 알아야한다.

1 | 자가 방제용

자가 방제를 위해 드론을 구입하는 자는 직접 수리가 불가한 경우가 대부분을 차지하고 있다. 현재 수많은 소규모 판매자들이 자작 드론을 제작 판매하고 있으며, 드론 제작 교육 MRO Maintenance, Repair, Overhaul 과정을 진행하고 있지만, 1회의 교육으로 파손된 기체를 수리하기란 사실상 불가능 한 경우가 대부분이다.

또한 자가 방제를 목적으로 하는 농가에서는 기체의 특성을 고려한 노즐의 위치 변경, 기체의 제작 및 세팅 등에 어려움이 많다. 기초 데이터를 구하거나 이를 활용한 세팅이 어렵기 때문에, 기본 성능 검증이 끝난 완성품을 사용하는 것을 추천한다.

또한 판매점의 접근성은 뛰어난지, 구입처에서 A/S 및 수리가 가능한지, 아니면 제작사에서만 A/S 수리가 가능한지도 고려되어야 한다. 파손 시 수리 기간이 평균 며칠 소요되는지? 파손 부품은 바로 수급이 가능한지 등을 사전에 체크해야 사고발생 시 신속한 대처가 가능하여 필요시점에 효과적인 방제를 완료할 수 있다. 또한 배터리 등이 전용 제품인지, 범용으로 사용할 수 있는지도 고려해야 한다.

자가 방제용으로 사용하는 농가는 대부분 같은 농지에 반복 살포를 하므로 GPS 데이터를 활용한 자동방제 기능의 활용도도 높다. 다만 약재를 살포하고자 하는 농지 주변에 장애물이 산재하여 있는 경우, 자동방제는 지양하는 것이 바람직하겠다.

2 | 방제 사업용

방제 사업용과 자가 방제용의 기체는 크게 다르지 않다. 하지만 본격 사업용으로 사용하려면 아무래도 자가 방제용 기체보다는 고려해야 할 것이 여러 가지 있다.

1. 가격

사업의 목적은 최소의 투자를 하여 최대의 이윤을 목적으로 하기에 투자비용을 어느 시점에 회수 가능한지가 반드시 고려해야만 한다. 고가격의 방제 기체라고 하더라도 무조건 방제 성능이 뛰어난 것이 아니고, 저렴하다고 해서 무조건 방제 성능이 떨어지는 것이 아니기 때문이다. 고가의 기체는 그만큼 투자비용을 회수하는데 기간이 오래 걸리며, 사고 시 발생되는 수리 비용도 그만큼 늘어나게 된다.

2. 수리 기간

방제사업을 목적으로 할 경우에는 비행 날짜에 따라 수익의 차이가 발생하게 된다. 방제사업을 고려한다면 당일 수리가 가능해야 한다. 제조사 또는 판매사의 수리에 의존한다면 고장, 파손 시 보통 1일 이상의 수리 기간을 필요로 한다. 또한 방제 중 기체 고장, 파손으로 현장에서 1일 이상 이탈될 경우, 농가(계약처)와의 신뢰가 무너져 후속 방제를 하지 못하는 경우가 종종 발생한다. 따라서 현장에서의 당일 수리가 가능하도록 기체 부품을 여유로 구비해야 하며, 사용자가 직접 수리할 수 있는 능력을 갖추어야 한다.

하지만 일부 완제품 판매, 제조사의 경우 자가 수리 또는 방제 효율을 높이기 위한 튜닝을 진행할 경우 A/S의 만료 또는 수리 거부를 하는 곳도 있다.

3. 방제효율

완제품, 조립용 기체를 막론하고 대부분의 사용자는 최초 제작 부품을 그대로 사용하는 경우가 대부분이다. 완제품의 경우는 일정 수준 이상의 비행성과 방제 효율을 만족하고 있지만, 조립용 기체의 경우 제공된 부품 그대로를 조립할 경우 방제 효율이 나오지 않거나 약제의 말림 현상이 심하게 발생하는 문제가 야기될 수도 있다.

하지만 조립 기체의 경우 각 기체의 특성을 고려한 세팅이 수반된다면 고가의 기체보다도 뛰어난 방제 효율을 보여주기도 한다.

4. 자동방제

전문 방제사의 경우, 같은 농지를 다시 방제하기란 쉽지 않다. GPS를 기반으로 하는 자동 방제에 의지한다면 업무 효율이 떨어지게 된다. 또한 지자계 지수의 영향, 기타 교란할 수 있는 고압선로(송전탑, 고속철로 인근 등) 주변에서 이상 기동의 염려가 있으므로 반드시 조종기가 필수로 요구되며, 자세모드 비행 역시 필수로 요구되어진다.

🐾 멀티콥터 자동방제 (출처 : 하이드론)

02 / Copter 형태별 장·단점

CHAPTER

1 | Quad-copter

Quad-copter의 장점은 4개의 로터가 회전하는 형태의 멀티콥터로 구조가 비교적 간단하고, 같은 중량으로 제작할 경우 가장 튼튼하게 제작이 가능하다. 부품의 수가 가장 적어 추락, 고장으로 인한 파손 시 수리시간이 가장 적으며, 이동 및 보관이 편리하다.

이에 비해 단점으로는 4개의 추력시스템(모터, 변속기, 로터) 중 하나만 작동을 멈추거나 파손될 경우 추락한다. 노즐의 위치가 잘못 설정될 경우 약제의 비산, 말림 현상이 심할 수 있다.

이와 반대로 노즐의 위치 설정이 올바르게 되어 있을 경우 Hexa-copter보다 뛰어난 분사가 가능하다.

2 | Hexa-copter

Hexa-copter의 장점은 Quad-copter에 비하여 비행 안전성이 높으며, 하나의 추력시스템이 파손되어도 비행고도나 진행속도에 따라 다르지만 Quad-copter만큼 빨리 추락하지는 않는다. 이에 비해 단점으로는 노즐 위치의 선정이 가장 난해한 구조를 가지고 있다. 같은 무게로 기체를 제작할 경우, 부품의 강도가 떨어져 추락, 고장으로 인한 파손 시 파손 부품이 비교적 많아진다.

Hexa-copter의 경우 기체의 구조적 특성으로 노즐의 위치에 따른 약제의 말림 현상이 두드러지게 나타난다. 이를 해결하기에 가장 어려운 구조를 가지고 있다.

3 | Octo-copter

Octo-copter의 장점은 비행 안전성이 Quad-copter, Hexa-copter보다 가장 좋으며, 다른 기체에 비해 약제의 고른 분사가 적합하다.

이에 비해 단점은 구조가 가장 복잡하고 가장 많은 수의 부품이 사용되며, 추락, 고장, 파손 시 수리 시간이 가장 오래 걸리고 부품의 파손 소요가 가장 많다. 또한 같은 중량으로 기체를 제작할 경우 기체의 강도가 가장 낮다.

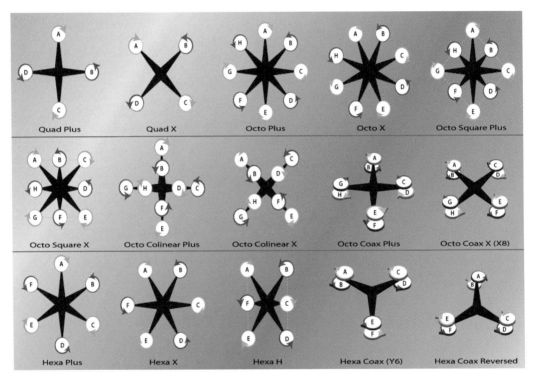

🎦 다양한 형태의 멀티콥터 (출처 : AUTO QUAD)

03 / A/S의 신속도와 자가 수리

CHAPTER

    일반적으로 완성품의 방제용 무인비행장치(멀티콥터)를 판매하는 회사는 당일 또는 다음날 수리가 가능하고, 때로는 방제가 집중되는 시기에 24시간 사고 접수를 받는 곳도 있다. 하지만 방제의 특성상 적절한 시기에 방제가 이루어져야 하므로 수리가 가능한 본사 또는 대리점의 위치도 고려해야 한다.

    또한 일부 제조사의 경우 판매 수량보다 서비스 역량이 부족하여 대기시간이 길어질 수 있음을 염두에 두어야 한다. 방제를 전문으로 하는 경우는 완성품이라 할지라도 자가 수리가 가능해야 신속한 현장 대응이 가능하며, 이로 인한 수익성에서 차이가 발생하게 된다.

    자가 수리를 위해서는 기본적으로 지체의 구조적 특성과, 조립방식, FC의 Setting 등 소유한 비행장치(멀티콥터)의 전반적인 지식과 해당 비행장치(멀티콥터)의 수리 가능한 공구류, 부품, 컴퓨터 등을 항시 구비해야 한다.

    예비 부품으로 가장 많은 소비는 로터(프로펠러)이며, 전문 방제사의 경우 기체에 소요되는 모든 종류의 부품을 1개소 이상 수리 가능하도록 예비 부품을 준비하는 것이 바람직하다.

안전관리 및 사업, 기체등록방법

1. 운용기상

2. 자격증 취득방법과 교육기관

3. 사업자 등록(관할 세무서)

4. 기체신고와 항공사용사업 등록(관할 지방항공청)

5. 보험

6. 사고발생 시 조치방법

01 운용기상

CHAPTER

1 | 기온

1. 기온이란

태양열을 받아 가열된 대기(공기)의 온도, 햇빛이 가려진 상태에서 10분간 통풍을 하여 얻어진 온도, 1.25~2m 높이에서 관측된 공기의 온도를 말한다. 우리나라에서는 1.5m에서 관측하며, 해상에서는 선박의 높이를 고려하여 약 10m의 높이에서 측정한 온도를 사용한다.

공기도 가열되면서 온도의 변화를 초래한다. 지구는 태양으로부터 태양복사solar radiation 형태의 에너지를 받는다. 이 복사 에너지 중 지구와 대류권에서 55%를 반사시키고, 약 45%의 복사 에너지를 열로 전환하여 흡수한다. 흡수된 복사열에 의한 대기의 열을 기온이라 하고, 대기 변화의 중요한 매체가 된다.

2. 기온의 단위

■ 온도의 단위

단위	비등점	빙점	절대온도
섭씨	100	0	−273
화씨	212	32	−460
켈빈	373	273	0

기온의 단위scales는 국가 또는 사용 용도에 따라 상이한 단위가 사용되고 있지만, 국제적으로 섭씨(Celsius: ℃)를 활용할 것을 권장하고 있다. 그러나 미국을 비롯하여 여러 국가에서 화씨(Fahrenheit: ℉)를 사용하고 있지만, 점차 섭씨 단위를 적용하고 있는 추세이다. 섭씨는 표준 대기압에서 순수한pure 물의 빙점(어는 온도)을 0℃로 하고,

비등점(끓는 온도)을 100℃로 하며, 아시아 국가에서 사용하고 있다. 절대영도는 -273℃이다. 화씨는 표준 대기압에서 순수한pure 물의 빙점freezing을 32°F로 하고, 비등점 boiling point을 212°F로 표시한다. 절대영도는 -460°F이다.

켈빈 단위는 주로 과학자들이 사용하는 것으로 절대영도에서부터 시작된다. 얼음의 빙점freezing point을 273K로 하고, 비등점boiling point을 373K로 표시한다. 절대 영도는 0K이다.

3. 기온 측정법

지표면 기온surface air temperature은 지상으로부터 약 1.5m(5feet) 높이에 설치된 표준 기온 측정대인 백엽상에서 측정된다. 백엽상은 직사광선을 피하고 통풍이 될 수 있도록 고려되어야 한다. 주로 항공에서 활용되고 있는 상층 기온upper air temperature은 기상 관측기구sounding balloons를 띄워 직접 측정하거나, 기상 관측기구에 레디오미터 radiometer를 설치하여 원격 조정으로 상층부의 기온을 측정한다. 기온의 일교차란 일일 최고기온과 최저기온의 차이를 의미하고, 사막지역에서 일교차는 크고 습윤지역에서 일교차는 작다.

① **일평균기온** : 하루 중(24시간) 최고기온과 최저기온의 평균치
② **연평균기온** : 1년 동안 측정된 특정 지역의 평균 기온
③ **켈빈온도 변환** : °K K = 273 + ℃

4. 기온의 변화

1) 일일 변화

일일 변화란 밤낮의 기온차를 의미하며, 주원인은 지구의 일일 자전daily rotation 현상 때문이다. 지구는 24시간을 주기로 정확하게 한 바퀴씩 회전한다. 태양을 마주하는 쪽(일식평면)은 주간이고, 반대쪽에서는 야간night이 된다. 주간에는 승온 즉 태양열을 많이 받아 기온이 상승하고 밤이 되면 냉각 즉 태양열을 받지 못하므로 기온이 떨어져 기온 변화의 요인이다.

일일 기온이 최고점에 도달한 후 계속해서 떨어지기 시작한다. 이 같은 기온 강하의 주원인은 다음과 같다. **첫째,** 일몰 후부터 지표면에서 지구 복사의 균형이 음성으로 변화하기 시작한다. 이로 인하여 지표면은 태양 복사를 더 이상 흡수할 수 없기 때문

에 지표면은 더 이상 가열되지 않는다. **둘째**, 지표면의 가열된 공기는 전도와 대류 현상에 의해서 위로 올라가면 서 지표면은 찬 공기로 대치된다. 이 같은 이유로 기온은 지속적으로 떨어져 일출 시점에서 최저가 된 후 순 복사 총량이 양성으로 전환되면서 기온은 다시 상승하기 시작한다.

하루 중 가장 기온이 낮은 때는 해뜨기 직전이며, 가장 높은 때는 통상적으로 오후 14:30~15:00시 정도이므로 항공방제 시 참조하면 좋다.

2) 지형에 따른 변화

지표면은 약 70%의 물과 육지로 구성되어 있다. 동일한 지역의 태양 복사열이라 할지라도 지형의 형태에 따라 기온 변화가 다르다. 다. 태양 알베도의 분포에서 지표면에 흡수되는 복사 총량은 약 51%이고, 약 4% 정도는 반사된다. 여기서 태양 복사 에너지를 반사 및 흡수할 수 있는 차이가 존재하여 기온 변화의 한 요인이 된다.

먼저 물은 육지에 비해서 기온 변화가 그리 크지 않다. 이것은 각 물질의 비열 차이 때문인 것으로 물의 비열이 1.00일 때 공기는 0.24, 모래나 흙의 비열은 0.19정도가 된다. 따라서 물과 육지의 비열은 약 4~5배 정도의 차이가 있다는 것을 의미한다. 깊고 넓은 수면은 육지에 비해 기온 변화가 그리 심하지 않는 이유이다. 내륙에서의 호수, 큰 강 또는 댐이 있는 지역에서 기온의 변화는 국지적으로 기압의 변화를 초래하여 산들바람breeze이 많이 발생하고, 아침저녁으로 안개가 잘 발생할 수 있는 조건을 갖추고 있다.

불모지에서는 기온변화가 매우 크다. 이곳에서는 기온 변화를 조절해 줄 수 있는 최소한의 수분이 부족하여 많은 기온차가 발생할 수밖에 없다. 이들의 지표면은 열을 보존할 수 있는 능력이 떨어지기 때문에 태양 복사열이 많은 낮에는 기온이 높지만, 해가 지면서 지표면은 빠르게 냉각되어 기온이 떨어진다. 특히 모래의 반사율은 약 35~45%로 매우 높다.

눈 덮인 지형은 겨울철에 내려 쌓인 눈의 두께와 지역에 따라 다르지만, 기온의 변화는 심하지 않다. 쌓인 눈은 태양 복사열의 약 95%를 반사시키기 때문에 태양복사열이 지표면을 가열시킬 수 있는 열에너지로 바꾸기가 어렵다.

초목 지형은 동식물의 생존에 필요한 충분한 물과 수분이 존재한다. 큰 활엽수나 침엽수는 반사율이 낮아 태양 복사열을 흡수할 수 있는 능력이 높고, 대기의 수분은 지속적인 대류와 이류 등의 작용으로 활발히 열 교환이 수행된다. 이들 지역에서 기온의 변화는 그리 많지 않다.

3) 계절에 따른 변화

지구는 1년 주기로 태양 주기를 회전하는 공전으로 태양으로부터 받아들이는 태양 복사열의 변화에 따라 기온이 변화하는 주 원인이 된다. 태양과 지구의 상대적인 위치에 따라서 태양 복사 총량의 강도가 연중 달라 계절적 기온 변화의 요인이 된다. 복사 총량이 변할 수 있는 것은 주로 낮의 길이와 입사각에 따른 태양 복사 총량의 강도와 지속시간의 변화로 조절된다. 지구표면이 태양에 더 많이 노출될 수 있는 각도에 있을 때, 더 많은 태양 복사를 받아들이고 이는 사계절을 형성하는 요인이 된다.

5. 기온 감률

기온감률이란 고도가 증가함에 따라 기온이 감소하는 비율이다. 예를 들어 등산을 할 때 산 정상으로 올라갈수록 기온이 낮아지는 것을 알 수 있는데 이것이 기온감률의 한 현상이다. 환경기온감률(ELREnvironmental Lapse Rate)은 대기의 변화가 거의 없는 특정한 시간과 장소에서 고도의 증가에 따른 실제 기온의 감소 비율이다.

고도 차이에 따른 변화로 고도가 올라감에 따라 일정 비율로 기온이 내려간다. 표준 대기조건에서 기온감률은 1,000ft당 평균 2℃이고, 이를 기온감률temperature lapse rate 이라고 한다. 이것은 평균치를 의미하는 것이며, 정확한 기온감률을 산출하기는 어렵다. 고도가 증가함에 따라 기온이 증가하는 현상이 발생할 수도 있다.

2 | 습도

1. 습도란?

습도humidity는 대기 중에 함유된 수증기의 양을 나타내는 척도이다. 한여름 특히 장마철이나 우기와 같은 대기 조건일 때 습도는 매우 높다. 습도가 높으면 몸이 끈적끈적하고 불쾌감을 느낀다. 반대로 대기 중에 수증기량이 적다면 건조하고 습도는 낮다고 할 수 있다. 수증기water vapor는 대기의 구성 물질을 분석했을 때 대기 중에 대략 0~4%에 불과하지만 대기 중의 다양한 형태의 물방울과 강수의 구성 요소로서 매우 중요한 역할을 하는 기체이다. 지구를 둘러싸고 있는 공기는 눈에 보이지 않는 형태의 수증기를 포함하고 있다.

2. 수증기의 상태변화

대기 중의 수증기는 기온 변화에 따라서 고체, 액체, 기체로 변한다. 이것은 외부의 기온이 변화함에 따라 일련의 과정을 거쳐서 변하는 것이다. 액체 상태에서 기체 상태로 변할 때는 액체가 증발되고, 반대로 기체 상태에서 액체 상태로 변하기 위해서는 응결이 된다. 따라서 액체 상태에서 고체 상태로 변하기 위해서는 액체의 응결이 필요하고, 고체가 액체 상태로 변하기 위해서는 용해가 되어야 한다.

3. 응결핵

대기는 가스의 혼합물과 함께 소금, 먼지, 연소 부산물과 같은 미세한 입자들로 구성된다. 이들 미세 입자를 응결핵이라 한다. 일부의 응결핵은 물과 친화력을 갖고 공기가 거의 포화 되었다 할지라도 응결 또는 승화를 유도할 수 있다. 수증기가 응결핵과 응결 또는 승화할 때 액체 또는 얼음 입자는 크기가 커지기 시작한다. 이때에 입자는 액체 또는 얼음에 관계없이 오로지 기온에 달려 있다.

4. 과 냉각수

액체 물방울이 섭씨 0℃ 이하의 기온에서 응결되거나 액체 상태로 지속되어 남아 있는 물방울을 과냉각수supercooled water라 한다. 과냉각수가 노출된 표면에 부딪칠 때 충격으로 결빙될 수 있다. 과냉각수는 항공기나 드론의 착빙icing 현상을 초래하는 원인이다. 과냉각수는 0℃~-15℃ 사이의 기온에서 구름 속에 풍부하게 존재할 수 있다. -15℃ 이하의 기온에서는 승화 현상이 우세할 수 있다. 구름과 안개는 대부분 과냉각수를 포함한 빙정ice crystals의 상태로 존재할 수 있다.

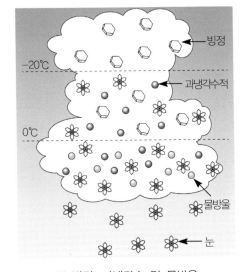

 빙정, 과냉각수 및 물방울

5. 이슬과 서리

이슬dew은 바람이 없거나 미풍이 존재하는 맑은 야간에 복사 냉각에 의해 주변 공기의 노점 또는 그 이하까지 냉각되는 경우를 볼 수 있다. 이슬은 찬물을 담은 주전자를 따스한 곳에 두면 주전자 표면에 맺히는 습기와 같다.

서리frost도 이슬과 유사한 현상에 의해 형성된다. 다른 점은 주변 공기의 노점dew point이 결빙 기온보다 낮아야 한다. 이때 수증기는 이슬처럼 응결되기보다는 빙정 또는 서리로 직접 승화한다. 간혹 이슬이 형성된 후 결빙되는 경우가 있을 수 있으나 서리와는 구별이 된다. 결빙된 이슬은 맑고 단단한 반면 서리는 하얗고 표면이 거칠게 만들어진다. 항공기나 드론의 표면에 형성된 서리는 비행 위험 요인으로 작용하여 반드시 제거된 후 비행을 해야 한다. 서리는 항공기나 드론의 기체 표면을 거칠게 하여 날개 위로 흐르는 공기 흐름을 조기에 분산시켜 효율을 감소시킨다.

3 | 기압

1. 기압이란?

기압이란 진동하는 기체 분자에 의해 단위 면적당 미치는 힘, 또는 주어진 단위 면적당 그 위에 쌓인 공기 기둥의 무게이다. 즉, 단위 면적 위에서 연직으로 취한 공기 기둥 안의 공기 무게를 말한다. 이는 정해진 기준은 없고, 주위와 상대적인 비교에 의한다. 1기압은 760mm의 수은(Hg) 기둥의 높이로 10m 정도의 물기둥이 주는 무게의 압력과

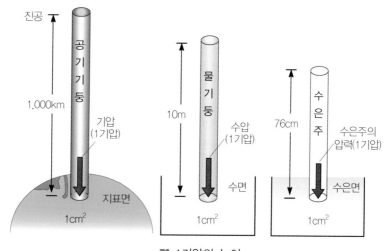

🎴 1기압의 높이

동일하다. 즉 10m 깊이 정도의 물속에 사는 셈이다. 또한 1cm당 1kg의 압력으로 사람 전체는 20,000kg의 압력을 받는다.

2. 수은 기압계의 측정법

그림과 같이 용기에 수은을 반쯤 채우고 끝이 열린 빈 유리관을 용기 속에 넣으면 주변 대기압에 따라 수은이 유리관을 따라서 올라가게 된다. 표준대기의 해수면에서 수은의 상승이 정지되고, 이때 수은이 지시하는 눈금은 29.92inch·Hg 또는 760밀리미터이다.

1atm = 760mmHg = 29.92inHg = 760Torr(토르) = 1013mbar = 1.013bar

= 101,300Pa(= N/m^2) = 1013hPa(헥토파스칼) = 14.7lb/in^2 (Psi) = 1.033kg/cm^2

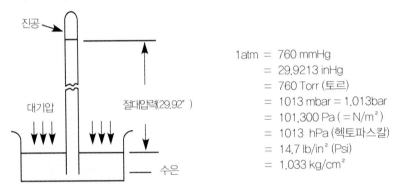

1atm = 760 mmHg
= 29.9213 inHg
= 760 Torr (토르)
= 1013 mbar = 1.013bar
= 101,300 Pa (= N/m^2)
= 1013 hPa (헥토파스칼)
= 14.7 lb/in^2 (Psi)
= 1.033 kg/cm^2

📷 수은 기압계 / 기압

4 | 일기도

1. 일기도란?

어떤 특정한 시각에 각 지역의 기상상태를 한꺼번에 볼 수 있도록 지도위에 표시한 것으로 날씨의 몽타주와 같다. 이는 일기예보나 일기 분석에 사용하며, 지표상에 풍향, 풍력, 일기, 기온, 기압, 동일기압의 장소, 고기압이나 저기압의 위치, 전선이 있는 장소 등을 숫자, 기호, 등치선으로 기호화, 수량화하여 기입한다.

1) 고기압

　고기압은 기압이 높은 곳에서 주변의 기압이 낮은 곳으로 시계방향에 따라 불어간다. 중심 부근은 하강 기류가 있고, 단열 승온으로 대기 중 물방울은 증발한다. 그래서 구름이 사라지고 날씨가 좋아진다. 중심 부근은 기압경도가 비교적 작아 바람은 약하다. 지상에서 부는 공기보다 상공에서 수렴되는 공기량이 많으면 하강한다. 기류가 활발히 일어나 고기압이 발달한다.

　상공의 수렴 양이 적고 지상에서 불어 나가는 양이 많으면 기압이 높은 부분이 해소되어 고기압은 쇠약해진다. 고기압권 내의 바람은 북반구에서는 고기압 중심 주위를 시계방향으로 회전하고, 남반구에서는 반시계 방향으로 회전하면서 불어간다. 이로 인하여고기압권 내에서는 전선이 형성되기 어렵다. 기압경도는 중심일수록 작아지므로 풍속도 중심일수록 약하다.

고기압과 저기압

구분	고기압	저기압
모습 (북반구)	하강 기류, 시계 방향, 하강 기류	상승 기류, 반시계 방향, 상승 기류
정의	주변보다 기압이 높은 곳	주변보다 기압이 낮은 곳
바람	시계 방향으로 불어 나감	반시계 방향으로 불어 들어옴
기류, 날씨	중심부에 하강 기류 → 구름 소멸 → 날씨 맑음	중심부에 상승 기류 → 구름 생성 → 날씨 흐림

2) 저기압

　저기압은 주변보다 상대적으로 기압이 낮은 부분이다. 1기압(1013mb)이라도 주변 상태에 따라 저기압이 될 수도 있고, 고기압이 될 수도 있다. 저기압은 거의 원형 혹은 타원형으로 몇 개의 등압선으로 둘러싸여 중심으로 갈수록 기압이 낮다. 기압이 가장 낮은 곳을 저기압 중심이라고 한다. 기압이 같은 폐곡선의 바깥 직경을 저기압의 직경이라 하며, 고기압보다 직경이 작다. 저기압 중심을 향해 바람이 반시계 방향으로 불어 들어간다. 상승기류에 의해 구름과 강수현상이 있고 바람도 강하다. 저기압은 전선의 파동으로 생긴다. 저기압을 유지하는 에너지는 한 기단과 난 기단의 위치에너지이다. 저기압 내에서는 주위보다 기압이 낮으므로 사방에서 바람이 불어 들어온다. 지구의 자전으로 지상에서의 저기압의 바람은 북반구에서는 저기압 중심을 향하여 반시계 방향으로, 남반구에서는 시계방향으로 분다. 저기압 중심 부근의 상승기류에서는 단열냉각으로구름이 만들어지고 비가 내리므로 일반적으로 저기압 내에서는 날씨가 나쁘고 비바람이 강하다.

3) 등압선

일기도 상에 해수면 기압 또는 동일한 기압 대를 형성하는 지역을 연결하여 그어진 선을 말한다. 일기도에 표시된 등압선으로 저기압과 고기압 지역의 위치와 기압경도에 대한 정보를 제공해 준다. 등압선은 동일한 기압지역을 연결한 것으로 거의 곡선모양으로 그려진다. 모든 기압이 다 그려지기보다는 등압선 사이에 존재하는 중간 값의 기압은 점으로 그려지고 해당 기압이 표시된다. 등압선이 조밀하게 형성된 지역은 기압경도가 매우 큰 지역으로 강풍이 존재한다는 것을 나타내 준다.

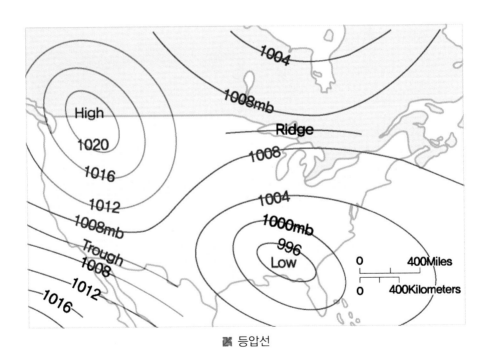

■ 등압선

4) 기압경도

모든 지역에서 기압이 동등하지 않으며, 지역별 기압의 차이가 나타난다. 기압 경도는 주어진 단위 거리 사이의 기압 차이를 말한다. 수평면 위의 두 지점에서 기압 차로 생기는 힘이라고도 하며, 공기의 이동을 촉발하는 원인이다. 바람은 기압경도에 직각으로 가까운 각도로 불고, 속도는 경도에 비례한다. 기압은 높은 곳에서 낮은 곳으로 자연스럽게 이동하려는 경향이 있다. 기압 경도는 고기압에서 저기압 쪽으로 이동하며, 등압선이 조밀한 지역은 기압경도력이 강하다. 또한, 기압경도는 한 등압선과 인접한 등압선 사이를 측정한 거리에서 기압이 변화한 비율이다.

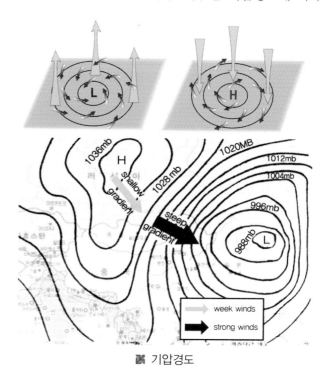

▨ 기압경도

5) 일기도 보는 법

공중에서 항공기나 드론을 바다에서 함정이나 어선 등을 운용하는 관계자들은 기상예보에 민감하다. 기상이 운용 가능성을 결정하는 중요한 요소이기 때문이다. TV화면이나 신문의 한 페이지에 위치하고 있는 일기도를 보는 방법을 알아두면 기상에 대하여 이해가 쉽다.

일기도를 보는 방법을 간단히 설명하면 다음과 같다.

첫째, 일기도 상에서 작은 원으로 표시된 각 지점의 날씨는 기호로 표시되어 있어 먼저 날씨 기호를 파악한다. **둘째**, 각 지점에서 그어진 직선과 끝 날개 선을 보고 바람 방향과 풍속을 파악한다. 예를 들어 풍향선이 북쪽에 있으면 북풍이다. **셋째**, 지상의 바람은 고기압에서 불어 나가고, 저기압에서 불어 들어오므로 등압선만 보면 개략적인 풍향을 알 수 있다. 바람은 북반구는 고기압을 오른쪽, 저기압을 왼쪽으로 보는 형태로 기압이 높은 곳에서 낮은 곳으로 향해 등압선을 일정각도(육상은 30~40도, 해상은 15~30도)로 가로 질러 분다. 등압선이 밀집되어 있는 곳일수록 기압 경도가 크며 바람이 강하다. **넷째,** 일기도의 기호를 붙인 전선 부근은 일반적으로 날씨가 나쁘다.

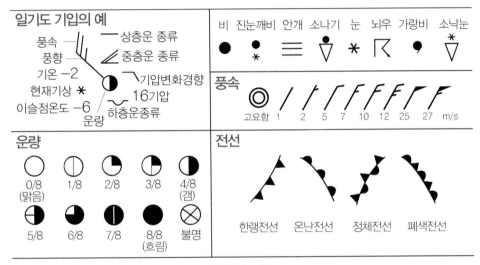

🌊 일기 기호

다섯째, 등압선 중심에는 각각 H(고)나 L(저)과 같은 약자가 표시되어 있다. 고기압성 기압배치는 고기압이나 기압마루에서 바람이 불어나가 하강 기류가 탁월하여 맑은 하늘이 되기 쉽고, 저기압성 기압배치는 저기압과 기압골에서 바람이 불어 들어와 상승 기류가 탁월해지고 강수현상이 일어나 날씨가 나빠지기 쉽다. **여섯째,** 국제적 일기도는 작은 원 안에 운량을 나타내는 기호가 표시되어 있고 날씨가 그 왼쪽에 기입되어 있다.

5 | 경보와 주의보

1. 개요

기상재해가 일어날 가능성이 있을 때 주의를 환기 또는 경고하기 위해 기상청에서 발표하며, 기상 특보라고 한다. 어떤 기상이 강화되어 주의를 요할 시 "주의보"를 발령하고, 이후 더욱 주의의 필요성이 있을 때 "경보"를 발령한다. 정규 외 갑작스런 기상

변화는 기상정보를 발표하고 악기상은 기상특보로 발령한다. 특보발령에 앞서 종류, 예상구역, 예상 일시 및 내용의 예비 특보를 발령한다.

2. 종류

1) 대설

주의보는 24시간 내에 서울과 기타 광역시는 24시간 내 적설이 5cm 이상, 기타 지방은 10cm 이상, 울릉도, 독도는 20cm 이상이 예상될 때 발령한다. 경보는 24시간 내에 서울과 기타 광역시는 24시간 내 적설이 20cm 이상, 기타 지방은 30cm이상, 울릉도, 독도는 50cm이상이 예상될 때 발령한다.

2) 호우

주의보는 24시간 내에 강수량이 80mm이상이 예상될 때, 경보는 24시간내 강수량이 150mm이상이 예상될 때 발령한다.

3) 태풍

주의보는 태풍의 영향으로 평균 최대풍속이 17m/s이상의 풍속 또는 호우, 해일 등으로 재해가 예상될 때, 경보는 태풍의 영향으로 평균 최대풍속이 21m/s이상의 폭풍 또는 호우, 해일 등으로 재해가 예상될 때 발령한다.

4) 폭풍(해상)

주의보는 평균 최대풍속이 14m/s 이상이고, 3시간 이상 지속될 것이 예상되거나 또는 순간 최대풍속이 20m/s 이상 예상될 때, 경보는 평균최대풍속이 21m/s이상이다. 이러한 상태가 3시간 이상 지속될 것이 예상되거나 또는 순간 최대풍속이 26m/s 이상 예상될 때 발령한다.

5) 폭풍(육상)

주의보는 평균최대풍속이 14m/s 또는 순간 최대풍속이 20m/s이상 예상될 때, 경보는 평균최대풍속이 21m/s 또는 순간 최대풍속이 26m/s이상 예상될 때 발령한다.

6) 파랑

주의보는 폭풍현상이 없이 해상의 파도가 3m이상이 예상될 때, 경보는 폭풍현상이 없이 해상의 파도가 6m이상이 예상될 때 발령한다.

7) 한파

주의보는 11~3월에 당일의 아침 최저기온보다 다음날의 아침 최저기온이 10℃이상 하강할 것으로 예상될 때, 경보는 11~3월에 당일의 아침 최저기온보다 다음날의 아침 최저기온이 15℃이상 하강할 것으로 예상될 때 발령한다.

6 | 바람

1. 바람과 바람의 측정

바람은 공기의 흐름이다. 즉, 운동하고 있는 공기이다. 수평방향의 흐름을 지칭하며, 고도가 높아지면 지표면 마찰이 적어 강해진다. 공기의 흐름을 유발하는 근본적인 원인은 태양 에너지에 의한 지표면의 불균형 가열에 의한 기압 차이로 발생한다. 기온이 상대적으로 높은 지역에서는 저기압이 발생하고, 기온이 상대적으로 낮은 지역에서는 고기압이 발생한다.

에어로벤   풍향계   삼배풍속계

✖ 바람의 측정기구

바람의 측정은 공항이나 기상 관측소에 설치된 풍속계anemometer와 풍향계wind direction indication에 의해 측정된다. 종류는 바람주머니, T형 풍향 지시기, Aerovane 등이 있다. 지표면 10m 높이에서 관측된 것을 기준으로 하며, 풍향, 풍속을 표기한다.

바람의 속도velocity와 속력speed은 차이가 있다. 속도는 벡터량으로 방향과 크기를 가지는 반면 속력은 스칼라양으로 방향만 갖는다. 풍속의 단위는 NM/H(kt),

SM/H(MPH), km/h, m/s이다. 1kt = 1,852m(Nautical Mile)(Statute Mile 1 mile = 0.869해리이다.)이다.

바람의 방향은 다음의 그림과 같으며, 바람 방향에서 북풍은 북에서 남으로 부는 바람을 말한다. 즉 북쪽을 향하는 바람이 아니다. 그러나 조류, 해류 등의 방향은 물 흐름에 따라 가는 방향을 의미한다. 풍향은 동서남북의 중간 방위를 더 16방위로 표기하나, 소형멀티콥터를 운용 시는 8방위로도 가능하다.

풍향 풍속의 측정 방법은 1분간, 2분간, 또는 10분간의 평균치를 측정하여 지속풍속을 제공한다. 평균풍속은 10분간의 평균치로 공기가 1초 동안 움직이는 거리를 m/s, 1시간에 움직인 거리를 마일(mile)로 표시한 노트(kt)를 말한다.

순간풍속은 어느 특정 순간에 측정한 속도를 말하며, 최대 풍속은 관측 기간 중 10분 간격의 평균 풍속 중 최대치를 말한다. 순간 최대 풍속은 관측기간 중 순간풍속의 최대치 즉, 가장 큰 풍속을 말한다. 해상에서는 풍력을 많이 사용하고 있다.

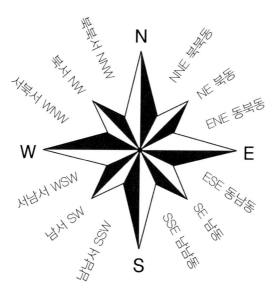

🌠 바람의 방향

다음은 Wind Sock을 이용한 풍속 측정 방법으로 Windsock의 각도에 따라 풍속을 측정할 수 있다. 풍향은 Windsock 입구 쪽 방위를 10。 단위로 측정하면 된다.

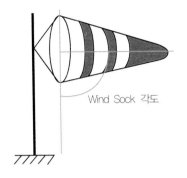

Wind Sock 각도	풍속 (m/sec)
0도	0m/sec
15 ~ 20도	1m/sec
30 ~ 40도	2m/sec
50 ~ 60도	3m/sec
70 ~ 80도	4m/sec
90도	5m/sec

🦋 Wind sock을 이용한 풍향·풍속 측정법

　Wind Sock을 이용한 측정 방법에 있어서 유의해야 할 점은 정확한 측정방법은 아니라는 것이다. 그러나 주변에 많이 설치된 Wind Sock을 잘 활용하면 항공기 및 드론 운용 시 좋은 자료가 될 것이다. 또 다른 방법으로는 휴대하고 있는 손수건을 활용한 방법으로 손수건을 손으로 잡고 날리는 정도에 따라 측정하는 방법이다.

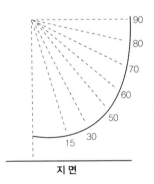

수직 각도	풍속(m/sec)
0도	0m/sec
15도	1m/sec
30도	2m/sec
50도	3m/sec
70도	4m/sec
90도	5m/sec

🦋 손수건을 이용한 의한 풍향·풍속 측정법

2. 바람의 활용

　방제용 드론 등 공중에서 운용하는 비행체는 바람의 영향에 매우 민감하며, 드론의 성능에 상당한 영향을 미치고 있다. 드론이 아니더라도 하늘을 나는 새들의 행태를 보더라도 바람을 적절히 활용하고 있음을 알 수 있다. 새들이 나뭇가지에 앉거나 날아갈 때도 반드시 맞바람을 적절히 이용하고 있는 것을 볼 수 있다. 따라서 무인항공기나 드론을 운용하는 조종자 및 관계자들은 맞바람을 활용할 수 있어야 한다.

맞바람head wind은 사람의 앞부분이나 드론의 기수nose 방향을 향하여 정면으로 불어오는 바람이다. 맞바람은 항공기의 이착륙 성능을 현저히 증가시키고, 드론 역시 바람이 부는 상황에서 이·착륙 시 맞바람을 적절히 이용하면 안전하게 운용할 수 있다.

뒷바람tail wind은 드론의 꼬리tail방향을 향하여 불어오는 바람이다. 뒷바람은 항공기 이착륙 시 성능을 현저히 감소시키거나 이착륙 자체를 불가능하게 한다. 드론 역시 뒷바람 상태에서 이착륙 시는 안전하게 운용 될 수 없다.

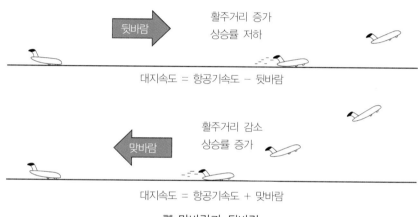
■ 맞바람과 뒷바람

측풍은 드론 등 비행체의 왼쪽 또는 오른쪽에서 부는 바람이다. 측풍 역시 드론 운용에 많은 영향을 미치는 요인으로 작용한다. 드론 등 공중에서의 비행체를 운용하는 요원들은 정풍, 배풍이라는 용어를 많이 사용하고 접하고 있다. 이는 맞바람과 뒷바람을 연계하여 사용하여도 무방하다.

3. 바람의 종류

바람의 종류는 지균풍으로부터 여러 가지 있으나 여기서는 방제용드론 운용에 필요한 바람에 국한하여 기술하고자 한다.

1) 국지풍(열적 국지풍)

지형적 특이성에 의한 부등 가열로 발생하며, 해륙풍, 산곡풍, 경사 순환 등이 있다. 복사 가열 또는 복사 냉각에 따라 여름철 중위도에서 잘 발달하며, 하루를 주기로 순환의 방향과 강도가 변한다.

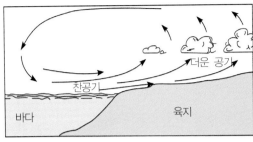 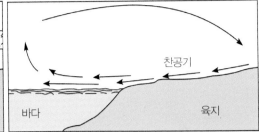

해륙풍land breezes, sea breezes은 주간(해풍)에는 태양복사열에 의한 가열 속도차로 기압경도력이 발생한다. 즉 육지에서의 가열이 높아지면 기압이 낮아지고 수평 기압경도가 형성된다. 오후 중반 10~20kts 속도로 발생되나, 그 이후 점차 소멸되면서 1,500~3,000ft 높이까지 발달한다. 야간(육풍)에는 지표면과 해수면의 복사 냉각차로 기압경도력이 발생한다. 해풍(주간)보다 육풍(야간)이 적은 것은 야간의 기온감률이 느리기 때문이다.

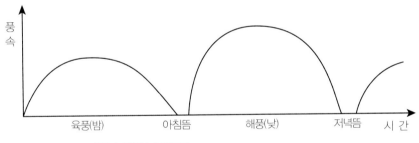

1. 해풍이 육풍보다 빠르다.
2. 해풍과 육풍이 바뀌는 순간 바람이 일시 정지함. 이 때를 뜸이라고 함.

🦋 하루 중 해륙풍의 풍속 변화

육풍은 육지에서 해양으로 이동하는 하층기류로서 최대 풍속은 약 5kts이다. 단, 한랭공기가 해안을 따라 위치한 산악지역의 경사면 아래로 움직이는 배출풍drainage wind인 경우 센바람이 발생한다. 호수풍 및 육풍은 큰 호수 주변에서 부는 바람으로 풍속은 수면의 넓이, 육지와 물의 온도차에 비례하며, 여름철에 강하고 빈번하게 발생한다.

산곡풍(산들바람mountain breezes, valley breezes)은 산바람과 골바람으로 나누어진다. 산바람은 산 정상에서 산 아래로 불어오는 바람(야간)을 말하고, 골바람은 산 아래에서 산 정상으로 불어오는 바람(주간)으로 적운이 발생한다. 산 경사면의 태양 복사 차이로 수평적 기압 경도력이 발생하며, 비행기로 계곡 통과 시 순간적인 상승, 강하 현상이 발생하는 것을 볼 수 있다.

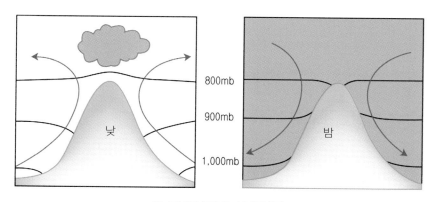

800mb

900mb

1,000mb

낮

밤

✂️ 골바람(좌)과 산바람(우)

2) 돌풍

돌풍gust은 바람이 항상 일정하게 불지 않고 강약을 반복하는 바람을 말하며, 숨이 클 경우 갑자기 10m/sec, 때로는 30m/sec를 넘는 강풍이 불기 시작하여 수 분, 혹은 수 십분 내에 급히 약해진다. 따라서 돌풍지역에서 방제용 드론을 운용하면 위험하다.

발생 원인은 **첫째**, 지표면이 불규칙하게 요철을 이루고 있어 바람이 교란되어 작은 와류(회오리)가 많이 생길 때, 북서계절풍이 강할 때 발생한다. **둘째**, 태풍 중심 부근의 강풍대에서 저기압이 급속히 발달할 때 발생한다. **셋째**, 지표면이 불규칙하게 가열되어 열대류가 일어날 때 발생한다. **넷째** 뇌우의 하강기류에서 고지대의 한기가 해안지방으로 급강하할 때 발생한다. **다섯째**, 한랭전선 전방의 불안정선이나 한랭전선 후방의 2차 전선이 통과할 때 발생한다.

돌풍의 근본적인 원인은 한랭한 하강기류가 온난한 공기와 마주치는 곳, 즉 한랭 기단이 따뜻한 기단의 아래로 급하게 침입하여 따뜻한 공기를 급상승시켜 일어나게 된다. 특징은 풍향이 급하게 변하고 큰 비 혹은 싸락눈이 쏟아지며 우박을 동반할 수 도 있다. 기온은 급강하하고 상대습도는 급상승한다.

스콜squall은 관측하고 있는 10분 동안의 1분 지속풍속이 10kts 이상일 때, 이러한 지속풍속으로부터 갑작스럽게 15kts 이상 풍속이 증가되어 2분 이상 지속되는 강한 바람을 말한다.

7 | 시정

시정visibility이란 정상적인 눈으로 먼 곳의 목표물을 볼 때, 인식 될 수 있는 최대의 거리 즉 지상의 특정지점에서 계기 또는 관측자에 의해 수평으로 측정된 지표면의 가시거리를 말한다. 방제용 드론을 운용 시 시정은 가시거리이다. 즉 보이는 거리까지 운용하는 것이 정답이다.

그러나 항공에서 시정이라고 일컫는 것을 간단히 알아보면, 시정은 어느 정도 먼 곳의 물체를 바라볼 때 똑똑하게 보일 때와 그렇지 못할 경우가 있다. 이는 지표면 부근의 대기 중을 떠다니는 작은 먼지, 수증기가 응결한 아주 작은 물방울들과 밀도가 다른 공기 덩어리들이 불규칙하게 접해 있기 때문이다. 이를 대기의 투명도(혼탁도)라 한다. 눈으로 물체를 보아 잘 보이면 시정이 좋고, 잘 보이지 않을 때는 시정이 나쁘다고 한다.

시정을 나타내는 단위는 mile이다. 즉 statute mile로서 이는 NM(Nautical Mile)과는 달리1mile에 약 1.6093km이다. 우리가 사용하는 meter 단위로의 환산을 하면 1/2mile=800m, 1mile=1,600m, 2mile=3,200m, 3mile=4,800m, 4mile=6,000m, 5mile=7,000m, 6mile=8,000m, 7mile=9,999m 이상이다. 그 이상의 시정의 단위는 없다. 이유는 인간의 눈으로 확인 가능한 최대의 거리가 10km이기 때문이다. 4mile은 6,400m, 6mile은 9,600m이나 4mile부터는 1,000m단위로 끊어서 사용한다.

시정은 한랭 기단 속에서는 시정이 좋고, 온난 기단에서는 나쁘다. 시정이 가장 나쁜 날은 안개 낀 날과 습도가 70% 넘으면 급격히 나빠진다. 쾌청하게 맑은 날은 40~45km, 흐린 날은 30km 전후, 비가 올 때는 6~10km, 눈이 올 때는 2~15km, 안개 낄 경우에는 0.6km정도이다.

8 | 구름

구름은 눈으로 볼 수 있는 공기 중의 수분 즉, 대기 중에 떠 있는 작은 수적 또는 빙정, 물방울의 결합체이다. 대기 중에 있는 수분의 양은 약 40조 갤런이다. 1일 10%가 비 또는 눈으로 변화되어 지면으로 내려온다.

저고도에서 방제용 드론을 운용 시 영향을 미치는 구름에 대하여 알아보면, 먼저 저고도인 하층운(2km미만) 구름은 층적운, 층운, 난층운이 있다. 이중 저고도에서 소낙비 등 비가 내리는 구름은 하층운이다.

난층운

9 | 강수

강수precipitation란 대기에서 떨어져 지상에 도달하는 액체 상태의 물방울이나 고체 상태의 얼음조각으로 비rain, 눈snow, 가랑비drizzle, 우박hail, 빙정ice crystal 등 모두를 포함하는 용어이다. 강수는 이들 입자가 공기의 상승작용에 따라 크기와 무게가 증가하여 더 이상 대기 중에 떠 있을 수 없을 때, 지상으로 떨어진다. 강수의 필요충분조건은 구름이다.

강수는 액체상태의 강수와 어는 강수 그리고 언 강수로 구분한다. 먼저 액체상태의 강수는 비, 이슬비, 소나기 등이고, 어는 강수는 어는 비, 어는 이슬비이며, 언 강수는 눈, 소낙눈, 눈 싸라기, 쌀알 눈, 얼음 싸라기, 우박, 빙정 등이다.

이슬비drizzle는 구름에서 떨어진 직경 0.5mm 이하의 아주 작은 입자가 밀집되어 천천히 떨어지는 현상을 말한다. 안개비drizzle fog는 안개가 짙어져서 안개와 함께 나타나는 이슬비 현상으로 안개나 낮은 층운과 밀접한 관계가 있다. 비rain는 0.5mm 이상의 입자로 구성되어 있으며, 상대적으로 일정하고 빠른 낙하 속도로 떨어진다.

소나기rain shower는 액체 강수지만 갑자기 시작한 후 강도가 크게 변화하고 그칠 때도 갑자기 그친다. 큰 물방울(0.5mm 이상), 그리고 단시간의 강수는 적란운이나 뇌우와 관련된 소낙성 강수에서 발생한다.

어는 이슬비freezing drizzle, **어는 비**freezing rain는 구름 하단에서 눈이 내릴 때, 중간 대기층이 0℃ 이상이 되어 반쯤 녹거나 완전히 녹은 상태로 내리는 액체 강수를 말한다. 어는 비가 찬 물체에 부딪혀 발생하는 착빙현상을 **우빙**graze ice이라 한다. 활주로에 우빙이 있으면 비행기 이착륙에 치명적이다.

비가 내리는 이유는 공기 중에는 수증기가 있고, 공기는 상승기류가 생겨 수증기를 포함한다. 상공으로 상승하면 주변 기압이 낮아지므로 상승한 공기는 단열 팽창한다. 공기의 부피가 늘어나면 기온이 낮아지게 되는데(보일, 샤를의 법칙), 기온이 이슬점(노점온도) 아래로 떨어지면 공기 중의 수증기가 응결되어 작은 물방울이 된다(작은 물방울의 집합체가 구름이다). 이때 바람, 태양복사, 기단과 전선의 영향 등으로 수증기가 과다 유입되거나 기온이 내려가면 크고 작은 물방울들이 충돌하거나 구름 꼭대기 부분(기온이 내려감)의 과포화 상태가 심해져 일시에 많은 양의 응결이 일어나 물방울이 커진다. 커진 물방울은 무게를 이기지 못하고 지상으로 떨어져 비가 된다.

눈snow은 빙정으로 구성된 강수 즉, 이미 얼어버린 강수이다. 구름 하단이 눈으로 구성되고 눈이 지표면에 도달할 때까지 대기 기온이 0℃이하여야 한다(눈은 시정을 악화시키는 주요 요인 중의 하나이다). 눈의 종류는 눈보라, 소낙눈, 눈 싸라기, 쌀알 눈, 땅 눈보라, 눈 스콜, 눈 폭풍, 뇌우 눈 등이 있다. 이중 **눈보라**blizzard는 강한 바람(초속 15m)과 많은 눈가루가 지속적으로 내리는 것이다. **소낙눈**flurry은 적운에서 내리는 소나기 형태의 눈이다. **눈 싸라기**graupel는 어는 안개가 눈송이 형태로 응결되어 내리는 얼음 알갱이다. **쌀알 눈**snow grain은 작고 투명한 얼음 알갱이다.

우박은 온도가 영상인 여름에 작은 얼음 덩어리가 내리는 것으로 크기가 큰 싸락눈이 우박이고, 작은 얼음 알갱이는 싸락눈이다. 보통 싸락눈은 직경 2~5mm의 반투명이고 우박은 5~50mm로 투명, 반투명 층이 번갈아 나타난다. 싸락눈과 우박은 대류가 강한 적운형(적운, 적란운) 구름에서 내린다.

다음은 싸락눈으로 적운형 구름은 두께가 두꺼워 구름 꼭대기 부분의 높이가 5,000m이상이다. 고도가 높은 곳은 기온이 매우 낮아 작은 얼음 알갱이(빙정)로 되어 있다. 그 아래에는 과냉각 물방울이 있다. 빙정이 낙하하면 과냉각 물방울과 충돌하여

얼고, 이 얼음 알갱이가 지상에 낙하하는 것이 싸락눈이다. (대체로 투명한 얼음이다.)

10 | 안개

1. 안개의 발생

안개fog는 아주 작은 물방울이나 빙정들이 대기 중에 떠 있는 현상이다. 수평 시정거리가 1km 미만이고, 습도가 거의 100%이다. 따뜻한 수면이 증발되어 얇은 하층의 찬 공기 중에 들어가 공기를 포화시켜서 안개를 형성하는 증기안개와 눈높이의 수평 시정이 1km미만이나 하늘이 보일 정도로 두께가 엷은 **땅안개**ground fog가 있다. 그리고 눈높이보다 낮은 곳에 끼어있고, 눈높이의 수평 시정이 1km이상인 **얕은안개**shallow fog가 있다. 연무는 안개와 같으나 1km이상 10km미만의 시정이고 습도는 70~90%이다. 매연, 작은 먼지, 염분 등이 무수히 떠 있어 배경이 어두우면 푸른 느낌이 들고 밝을 때는 황색 느낌이 든다.

안개의 생성 원인은 대기 속에서 수증기가 응결하여 아주 작은 물방울이 되어 대기 밑층을 떠도는 현상으로 기온이 0℃이하가 되면 승화하여 작은 얼음덩어리인 빙무가 된다. 안개가 발생될 수 있는 조건 즉 수증기가 응결되려면 첫째, 공기 중에 수증기가 다량 함유되어 있어야 한다. 둘째, 공기가 노점온도 이하로 냉각되어야 한다. 셋째, 공기 중 흡습성 미립자, 즉 응결핵이 많아야 한다. 넷째, 바깥에서 공기 속으로 많은 수증기가 유입되어야 한다. 다섯째, 바람이 약하고 상공에 기온의 역전이 있어야 한다.

안개가 사라질 조건은 **첫째**, 지표면이 따뜻해져 지표면 부근의 기온이 역전이 해소될 때이다. **둘째**, 지표면 부근 바람이 강해져 난류에 의한 수직 방향 혼합으로 상승할 때이다. **셋째**, 공기가 사면을 따라 하강하여 기온이 올라가면서 입자가 증발할 때이다. **넷째**, 신선하고 무거운 공기가 안개 구역으로 유입되어 안개가 상승하거나 차가운 공기가 건조하여 안개가 증발 할 때이다.

구름과 안개는 어떻게 구별하는가? 구름, 안개, 연무는 모두 같다. 0.002mm 전후의 작은 물방울로 공기 중에 떠다니고 있다. 그 차이는 우선 구름은 지면에 붙어 있지 않은 작은 물방울이 상공을 표류하고 있는 것이고, 안개는 작은 물방울이 지면 부근에 떠다니고 있는 것이다.

구름과 안개의 구별은 관측하는 관측자의 위치에 의해 결정되는데 멀리 떨어진 곳에서 관측한 경우, 정상 부근에 구름이 걸려 있지만 산의 정상에 서있는 사람은 안개로 보인다. 즉, 물방울의 크기, 지면에서 떨어져 있는 정도에 따라 구분하며, 물방울이 지면의 가까이 떨어지면 안개이다.

2. 안개의 종류

첫째, 복사안개이다. 복사안개는 야간에 지형적인 복사가 표면을 냉각시키고 표면 위의 공기를 노점까지 냉각될 때 응결에 의해 형성되는 안개를 말한다. 가을부터 겨울까지 빈번히 발생한다. 이른 아침에 발생하여 일출 전 후 가장 짙었다가 오전 10시경 소멸된다. 낮 동안 비 내린 후와 밤 동안 맑았을 때 짙은 복사안개가 발생한다.

안개 형성의 좋은 지수는 기온과 이슬점 온도의 차이이다. 즉, 낮에 대체로 기온과 이슬점 온도의 차이기 약 8℃(15°F) 이상 시 안개가 발생한다. 주변의 공기 기온이 결빙 기온 이상이면 이슬이 맺히고, 결빙기온 이하이면 서리가 되어 표면에 형성될 수 있다. 새벽녘에는 공기가 습기를 제거하여 이슬이 증발되고 복사안개가 형성될 수 있는 조건이 된다. 반대로 약 7노트 이상의 바람이 존재하면 지표면에 복사안개를 형성하기보다는 지표면 상공에 층운형 구름으로 형성한다.

복사안개와 증기안개

둘째, 증기안개(steam fog)로 차가운 공기가 따뜻한 수면으로 이동하면서 충분한 양의 수분이 증발하여 수면 바로 위의 공기층을 포화시켜 발생하는 안개를 말한다. 기온과 수온의 차가 7℃ 이상인 경우 호수 및 강 근처에서 광범위하게 형성되기 때문에 악 시정을 유발한다.

셋째, 이류안개warm advection fog는 습윤하고 온난한 공기가 한랭한 육지나 수면으로 이동해오면 하층부터 냉각되어 공기 속의 수증기가 응결하여 생기는 안개를 말한다. 풍속 7m/sec 정도이면 안개의 두께가 증가하고, 7m/sec 이상이 되면 안개가 소멸하고, 층운이 생긴다. 해상에서 생기는 이류안개는 해무 즉 바다안개라 한다. 고위도 해면에서 해무가 발생하는 원인은 표면 수온이 연중 변화 없이 차갑고, 여름에는 고온다습한 기단이면서 위도로 침입하기 때문이다.

이류안개와 활승안개

넷째, 활승안개upslope fog는 습한 공기가 산 경사면을 타고 상승하면서 팽창함에 따라 공기가 노점 이하로 단열 냉각되면서 발생하는 안개이다. 기온과 이슬점 온도의 차이가 적을수록 안개의 발생 가능성이 커진다. 주로 산악지대에서 관찰되며 구름의 존재에 관계없이 형성된다.

다섯째, 스모그smog는 물방울, 공장에서 배출되는 매연 등의 대기오염물질에 의해서 시계가 가로막히는 경우를 말한다. 영어인 smoke+fog의 합성어이다. 1905년 영국에서 처음 사용하였으며, 기상용어가 아니고 연기가 길게 늘어져 있거나, 연기로 인한 안개나 연무가 발생하여 앞이 아스라이 보이는 현상이다. 안개 형성 조건에서 안정된 공기가 대기오염물질과 혼합 시 발생한다.

여섯째, 얼음안개ice fog는 안개를 구성하는 입자가 작은 얼음의 결정인 경우 발생하며, 수평시정이 1km이상인 경우 발생하는 세빙ice prism이 있다. 기온이 −29℃이하의 낮은 온도에서 발생한다. 상고대 안개rime fog는 안개를 구성하는 물방울이 과냉각수적인 경우 지물이나 기체에 충돌하면서 생기는 착빙이다.

11 | 황사

황사는 미세한 모래입자로 구성된 먼지폭풍이다. 바람으로 의하여 하늘 높이 불어 올라간 미세한 모래먼지가 대기 중에 퍼져서 하늘을 덮었다가 서서히 떨어지는 현상이다. 구성물질은 대규모 산업지역에서 발생한 대기오염 물질과 혼합되어 있다.

🌪 황사 발생지역과 영향권

모래폭풍이 발생할 수 있는 있는 기상상태는 지표면에 수목 등이 없는 황량한 황토 또는 모래사막에서 큰 저기압이 발달하여 지표면의 모래 입자를 수렴하여 이들을 상층으로 운반하는 상승기류를 형성하여야 한다. 커다란 상승기류가 이들 모래먼지를 운반하고 상층부의 공기는 편서풍을 타고 이동하면서 주변에 확산시킨다.

황사는 공중에서 운항하는 항공기나 드론에게 직접적인 영향을 미치며 시정 장애물로 간주한다. 우리나라에 영향을 미치는 황사는 중국 황하유역 및 타클라마칸 사막, 몽고 고비사막으로 알려져 있다. 중국의 산업화와 산림개발로 토양 유실과 사막화가 급속히 진행되어 황사의 농도와 발생 빈도가 증가되고 있다. 황사가 밀려오고 있을 때 하늘은 엷은 황토색을 띠거나 한 낮에도 불구하고 어둡기까지 한다. 상층으로 모래먼지는 태양 빛을 차단하거나 산란시켜 심각한 저 시정을 초래한다. 황사는 공중에 운용하는 항공기의 엔진 등에 흡입되어 엔진 고장의 원인이 되고, 지상으로 내려앉을 경우 각종 장비에 흡입되어 장비 고장의 원인이 되기도 한다. 방제용 드론 운용의 경우 황사 상황에서 운용 시 장비의 효율이 떨어지고 운용 후 장비 손질이 반드시 되어야 한다.

12 | 난기류

난류turbulence란 비행 중인 항공기나 드론 등 비행체에 동요를 주는 악기류를 말한다. 이러한 난류는 상승기류나 하강기류에 의해 발생한다. 요란의 크기는 몇 cm부터 고기압이나 저기압과 같이 대규모의 것도 있다. 항공기나 드론 등 비행체가 요란이 있는 지역을 비행할 때에는 요란의 영향을 받아서 불규칙적인 동요를 일으키며, 항공기는 승무원에게 심각한 피해를 입히기도 한다. 항공기나 비행체에 영향을 미칠 수 있는 난류의 크기는 비행체의 크기, 무게, 안정도 및 속도에 따라 달라지나 최근 연구에 따르면 요란의 크기는 대략 직경 50~500ft이다.

비행 난기류는 비행기 날개 끝에서 발생하는 와류에 의해 난기류가 발생하는 것을 말한다. 강도는 항공기 무게, 속도, 형태에 따라 다르다. 이륙 시 난기류는 활주로에서 부양하기 시작하면 난기류가 형성되고, 착륙 시는 항공기 접지 시 난기류가 소멸된다.

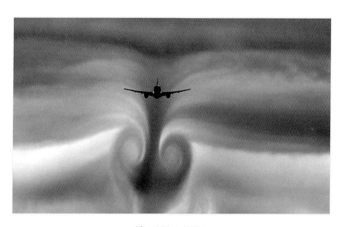

☸ 비행 난기류

윈드 쉬어wind shear는 짧은 거리 내에서 순간적으로 풍향과 풍속이 급변하는 현상을 의미한다. 윈드 쉬어는 모든 고도에서 나타날 수 있으나 통상 2,000ft 범위 내에서의 윈드 쉬어는 항공기, 드론 등의 운용에 지대한 위험을 초래할 수 있다. 풍속의 급변 현상은 항공기, 드론 등의 상승력 및 양력을 상실케 하여 추락시킬 수도 있다. 저고도 윈드 쉬어의 기상적 요인으로 뇌우, 전선, 복사역전형 상부의 하층 제트, 깔대기 형태의 바람, 산악파 등이 있다.

자격증 취득방법과 교육기관

CHAPTER

1 | 자격증 취득절차

1. 자격증 (항공안전법시행규칙 제306조, 2021.3.1.일부터 시행)

1 종별 자격증 기준

종별	기 준	비 고
1종	25kg 초과 자체중량 150kg 이하	* 무게 기준은 최대이륙중량 * 사업용 또는 비사업용 모두 해당 * 무인비행기, 헬리콥터도 동일함.
2종	7kg 초과 25kg 이하	
3종	2kg 초과 7kg 이하	
4종	250g 초과 2kg 이하	

※ 2021.3.1.일 이전 : 자체중량 12kg초과 150kg이하 사업용 자격증

2 조종 자격 차등화 주요 내용(자격증명 취득 기준)

1종 무인동력 비행장치	해당 종류의 1종 기체를 조종하는 행위 (2종 업무범위 포함)
2종 무인동력 비행장치	해당 종류의 2종 기체를 조종하는 행위 (3종 업무범위 포함)
3종 무인동력 비행장치	해당 종류의 3종 기체를 조종하는 행위 (4종 업무범위 포함
4종 무인동력 비행장치	해당 종류의 4종 기체를 조종하는 행위

3 조종 자격 차등화 주요 내용 (자격증명 취득 기준)

구분	온라인 교육	비행 경력	학과 시험	실기 평가
1종		1종 기체를 조종한 시간 20시간(2종 자격 취득자 5시간, 3종 자격 취득자 3시간 이내에서 인정)	○ (과목, 범위, 난이도 동일)	○
2종	X	1종 또는 2종 기체를 조종한 시간 10시간 (3종 자격 취득자 3시간 이내에서 인정)		○
3종		1종 또는 2종 또는 3종 기체를 조종한 시간 6시간		X
4종	○	X	○ (온라인 수료 시험)	X

4 조종 자격별 훈련범위 및 실기시험 채점 항목(무인 멀티콥터)

1종	2종	3종
1. 기체에 관련한 사항 2. 조종자에 관련한 사항 3. 공역 및 비행장에 관련한 사항 4. 일반지식 및 비상절차 5. 이륙 중 엔진고장 및 이륙포기 6. 비행 전 점검 7. 기체의 시동 8. 이륙 전 점검 9. 이륙비행 **10.공중 정지비행(호버링)** 11.직진 및 후진 수평비행 12.삼각비행 13.원주비행(러더턴) **14.비상조작** **15.정상접근 및 착륙(자세모드)** 16.측풍접근 및 착륙 17.비행 후 점검 18.비행기록 19.안전거리유지 20.계획성 21.판단력 22.규칙의 준수 23.조작의 원활성	1. 기체에 관련한 사항 2. 조종자에 관련한 사항 3. 공역 및 비행장에 관련한 사항 4. 일반지식 및 비상절차 5. 이륙 중 엔진고장 및 이륙포기 6. 비행 전 점검 7. 기체의 시동 8. 이륙 전 점검 9. 이륙비행 10.직진 및 후진 수평비행 11.삼각비행 **12.마름모비행** 13.측풍접근 및 착륙 14.비행 후 점검 15.비행기록 16.안전거리유지 17.계획성 18.판단력 19.규칙의 준수 20.조작의 원활성 * 1종 대비 공중정지비행, 비상 　조작, 정상접근 및 착륙: 없음.	1. 비행전 점검 2. 기체의 시동 3. 이륙전 점검 4. 이륙비행 5. 직진 및 후진 　수평비행 6. 삼각비행 7. 비행 후 점검 8. 비행기록 9. 계획성 10. 판단력 11. 규칙의 준수 12. 조작의 원활성 13. 안전거리 유지 * 상기 내용은 　경과조치 3종 　시험과목이므로 　각 교육원에서 　훈련 시 　참고 바랍니다.

5 전문교육기관의 교육훈련 시간

구분	학과교육	모의비행	실기교육		
			계	교관동반	단독
1종	20시간 항공법규 2H 항공기상 2H 항공역학 5H 비행운용 11H	20H	20H	8H	12H
2종		10H	10H	4H	6H
3종		6H	6H	2H	4H

※ 사설 교육기관(사용사업체)의 경우 학과 시험을 반드시 응시하여야 함.

2. 응시자격 신청과 서류제출

1 응시 자격 항공안전법 시행규칙 제306조

자격	나이 제한	비행경력만 있는 경우	전문교육기관 이수
1종	14세 이상	1종 기체를 조종한 시간 20시간 (2종 자격 취득자 5시간, 3종 자격 취득자 3시간 이내에서 인정)	전문교육기관 해당 과정 이수
2종		1종 또는 2종 기체를 조종한 시간 10시간 (3종 자격 취득자 3시간 이내에서 인정)	
3종		학과 교육 후 1종 또는 2종 또는 3종 기체를 조종한 6시간의 비행경력증명서	

2 응시 자격 제출서류 항공안전법 시행규칙 제76조, 제77조 제2항 및 별표 4

- ▶ 비행경력증명서 1부 [필수]
- ▶ 2종 보통 이상 운전면허 사본 1부 [필수]
- ※ 2종 보통 이상 운전면허 신체검사 증명서 또는 항공신체검사 증명서도 가능
- ▶ [추가] 전문교육기관 이수 증명서 1부 (전문교육기관 이수자에 한함)

3 응시 자격 신청 방법

- ▶ **정의** : 항공안전법령에 의한 응시자격 조건이 충족되었는지를 확인하는 절차
- ▶ **시기** : 언제든지 신청 가능(시작일 없음)
- ▶ **기간** : 신청일 기준 최대 7일 소요

▶ **장소** : 홈페이지 [응시자격신청] 메뉴 이용

▶ **대상** : 자격 종류/기체 종류가 다를 때마다 신청

※ 대상이 같은 경우 한번만 신청 가능하며 한번 신청된 것은 취소 불가

▶ **효력** : 최종합격 전까지 한번만 신청하면 유효

※ 학과시험 유효기간 2년이 지난 경우 제출서류가 미비하면 다시 제출

※ 제출서류에 문제가 있는 경우 합격했더라도 취소 및 민 · 형사상 처벌 가능

▶ **절차**

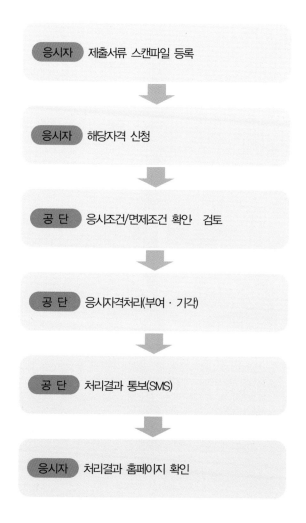

4 **응시자격 검토기간**

- 응시자격 검토는 최대 7일 소요될 수 있음(근무일 기준)
- 응시자격은 언제든지 신청 가능(시작일 없음)
※ 응시자격 신청 중 증명서 추가 등록 가능하며, 기각 시 응시자격 재신청
  (재신청된 응시자격은 신규와 동일하게 순서대로 검토 진행됨)

1) 응시자격 신청기간 예

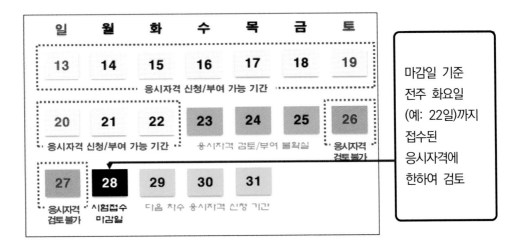

2) 응시자격이 자주 기각되는 사유

비행경력증명서	- 초경량비행장치 조종자 증명 운영세칙 별지 서식과 양식이 다른 경우
	  (발급번호, 지도조종자와 발급책임자 누락 등)
	- 기각 후 또는 새로 발급한 증명서의 발급일을 갱신하지 않은 경우
	- 증명서에 개인정보(응시자 및 지도조종자)에 오류 있는 경우
	  (응시자의 이름, 생년월일 및 지도조종자 자격번호 등)
	- 비행시간 합계 오류(기장, 훈련, 소계)
	- 전문교육기관 수료기준(기장 12H, 훈련8H)에 맞지 않는 경우 학과 면제 불가

신체검사증명서	- 신체검사증명서에 응시자 본인의 이름과 서명누락 - 운전면허증의 적성검사 기간이 지난 경우(유효하지 않는 증명서 등재)
기타	- 증명서가 육안으로 식별 불가능 경우(빛 번짐, 저화질 등)

5 응시자격 서류작성 방법

1) 비행경력증명서 1/2

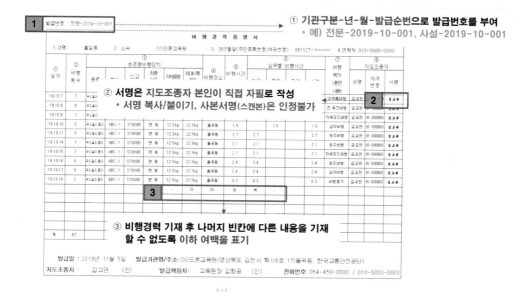

① 기관구분-년-월-발급순번으로 발급번호를 부여
* 예) 전문-2019-10-001, 사설-2019-10-001

② 서명은 지도조종자 본인이 직접 자필로 작성
* 서명 복사/붙이기, 사본서명(스캔본)은 인정불가

③ 비행경력 기재 후 나머지 빈칸에 다른 내용을 기재
할 수 없도록 이하 여백을 표기

2) 비행경력증명서 2/2

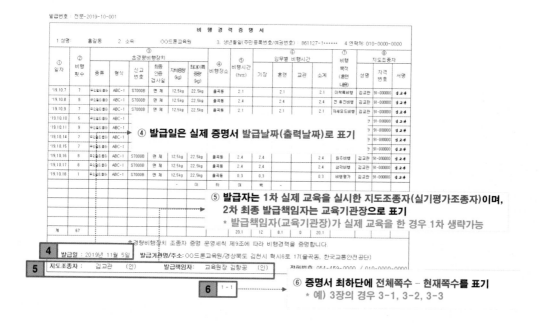

④ 발급일은 실제 증명서 발급날짜(출력날짜)로 표기

⑤ 발급자는 1차 실제 교육을 실시한 지도조종자(실기평가조종자)이며,
2차 최종 발급책임자는 교육기관장으로 표기
* 발급책임자(교육기관장)가 실제 교육을 한 경우 1차 생략가능

⑥ 증명서 최하단에 전체쪽수 - 현재쪽수를 표기
* 예) 3장의 경우 3-1, 3-2, 3-3

3) 신체검사 증명서 제출방법 1/2(운전면허증)

자격시험을 위한 응시자격 신청 간 2종 보통이상의 운전면허증 또는 운전면허 시험장에서 이루어지는 2종 보통 이상의 신체검사 증명서를 항공종사자 자격시험 상시 원격 시스템에 첨부 등록해야 한다.

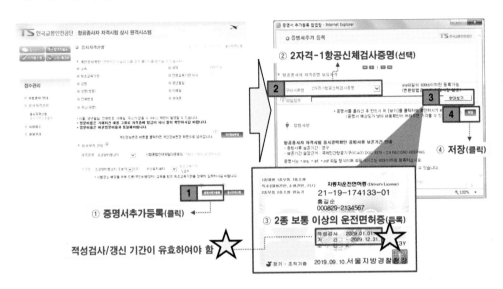

4) 신체검사 증명서 제출방법 2/2(신체검사 증명서)

신체검사 증명서 제출 시 사진이 부착된 앞면과 판정관 의견 및 의사 면허번호 및 응시자의 성명과 서명이 명기된 뒷면을 식별 가능토록 선명하게 스캔하여 제출.(자동차운전면허시험 응시원서 또는 운전면허 정기 적성검사 신청서)

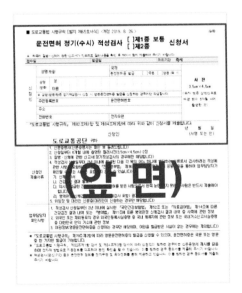
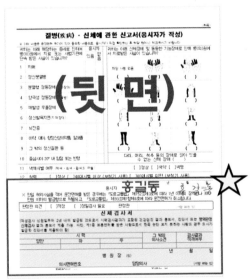

3. 시험 신청

1 **신청 시 한국교통안전공단 홈페이지 사용방법(www.kotsa.or.kr)**

2 **홈페이지 로그인 및 항공 / 초경량 자격시험**

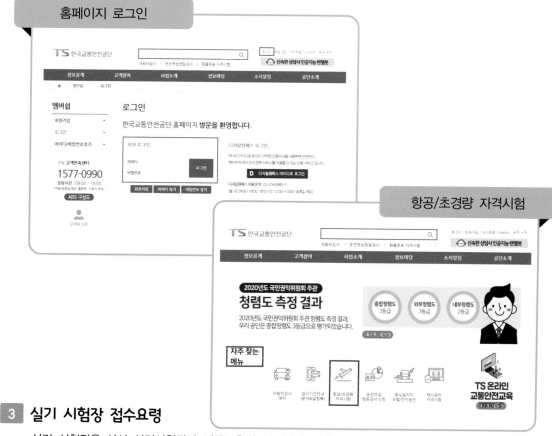

3 **실기 시험장 접수요령**

실기 시험장은 상시 실기시험장과 전문교육기관 구분 없이 협의된 장소 접수

① **기존 실기시험장 접수와 동일하게 접수 가능**
(전문교육기관 수료자 → 전문교육기관 시험접수) / 비전문교육기관 → 상시실기시험장 시험접수)

② **전문교육기관 수료자 중 상시실기시험장 접수 희망자**
→ 전문교육기관 담당자를 통해 상시실기시험장 접수(일자는 상시실기시험장 일자에 접수하여야 함)

③ **비전문교육기관 수료자 중 타 전문교육기관 실기시험장 접수 희망자**
→ 해당 전문교육기관과 협의하여 해당 전문교육기관으로 실기시험 접수
(일자는 해당 전문교육기관 시험일자에 접수하여야 함)

• **전문교육기관 담당자 시험장 권한 :** 해당 전문교육기관, 상시실기시험장
• **비전문교육기관 담당자 시험장 권한 :** 상시실기시험장

5 접수부터 자격증 수령 절차

※ 응시자격 요건 충족 시 신청은 언제든지 가능

응시자격 신청
- 방문 및 홈페이지 신청
- 증빙서류 스캔 업로드

학과시험 접수
- 홈페이지 접수, 수수료 결제
- 시험장소/일자/시간 선택

응시자격 심사
- 법적 조건 충족 여부 심사
- 응시자격 검토는 최대 7일 소요

학과시험 응시
- CBT컴퓨터 시험 시행
- 전국 시험장 동시 실시[서울, 부산, 광주, 대전, 화성 및 지방
  화물시험장(부산, 광주, 대전, 춘천, 대구, 전주, 제주)]

응시자격 부여
- 서류 확인 후 자격 부여

합격자 발표
- 시험 종료 즉시 결과 발표
  (공식 결과는 홈페이지 18:00 이후)
- 과목 합격제 (유효기간 2년)

실기시험 접수
- 홈페이지 접수, 수수료 결제   - 시험 일자 선택

실기시험 응시
초경량 : 전문교육기관 등
(응시자가 사용할 비행 장치 준비와 비행 허가 등 관련 사항 준비)

합격자 발표
- 시험 당일 18:00 결과 발표
- 실기 채점표 결과 홈페이지 확인 가능

자격 발급 신청
- 방문 및 홈페이지 신청, 수수료 결제
- 사진(필수), 신체검사증명서 등록

자격 발급 수령
- 방문 : 직접 수령
- 홈페이지 : 등기우편 발송 수령(2일 이상 소요)

※ 초경량비행장치조종 자격시험(031-645-2104) 및 조종자 증명(031-645-2103~4)
※ 조종교육교관 과정(031-489-5209~10) 및 실기평가조종자 과정(031-645-2101)

274

4. 필기(학과) 시험은 이렇게!

1 필기시험 면제 기준 항공안전법 시행규칙 제86조 및 별표 6, 제88조, 제306조

기준	- 교통안전공단의 필기시험은 종별 구분없이 통합된 시험으로 각 종별에 관계없이 응시하여 합격한 후 실기는 종별로 선택 - 필기시험 합격 후 유예기간은 2년
면제기준	- 교통안전공단의 필기시험은 종별 구분없이 통합된 시험으로 각 종별에 관계없이 응시하여 합격한 후 실기는 종별로 선택 - 필기시험 합격 후 유예기간은 2년

2 학과시험 접수기간 항공안전법 시행규칙 제306조

※ 시험 일자와 접수 기간은 제반 환경에 따라 변경될 수 있음.

▶ **접수담당** : 031-645-2103

▶ **접수일자** : '20년 12월 14일부터 최초 접수 시작

▶ **접수마감일자** : 시험일자 2일 전

▶ **접수시작시간** : 시험일로부터 3개월 이전 일자의 20 : 00부터

▶ **접수마감시간** : 접수 마감일자 23 : 59

▶ **접수변경** : 시험일자/장소를 변경하고자 하는 경우 환불 후 재접수

▶ **접수제한** : 정원제 접수에 따른 접수인원 제한 (시험장별 좌석 수 제한)

▶ **응시제한** : 공정한 응시기회 제공을 위해 기 접수 시험이 있는 경우 중복 접수 불가

※ 이미 접수한 시험의 홈페이지 결과 발표(18 : 00) 이후에 다음 시험 접수 가능

3 필기(학과)시험 접수 방법

▶ **인터넷** : 공단 홈페이지 항공종사자 자격시험 페이지

▶ **결제수단** : 인터넷(신용카드, 계좌이체)

4 응시수수료 : 48,400원 (항공안전법 시행규칙 제321조 및 별표 47)

5 학과시험 과목과 세목현황 항공안전법 시행규칙 제82조 제1항 및 별표 5, 제306조

① 필기 시험 과목 및 범위

자격종류	과 목	범 위
초경량비행장치 조종자 (통합 1과목 40문제)	항공 법규	해당 업무에 필요한 항공 법규
	항공 기상	① 항공기상의 기초 지식 ② 항공에 활용되는 일반 기상의 이해 등 (무인비행장치에 한함)
	비행이론 및 운용	① 해당 비행장치의 비행 기초 원리 ② 해당 비행장치의 구조와 기능에 관한 지식 등 ③ 해당 비행장치 지상 활주(지상활동) 등 ④ 해당 비행장치 이·착륙 ⑤ 해당 비행장치 공중 조작 등 ⑥ 해당 비행장치 비상 절차 등 ⑦ 해당 비행장치 안전관리에 관한 지식 등

② 필기시험 과목별 세목 현황

과목명	세목명
법규 분야	목적 및 용어의 정의 / 공역 및 비행제한 / 초경량 비행장치 범위 및 종류 / 신고를 요하지 아니하는 초경량 비행장치 / 초경량 비행장치의 신고 및 안전성 인증 / 초경량비행장치 변경·이전·말소 / 초경량비행장치의 비행자격 등 / 비행계획 승인 / 초경량비행장치 조종자 준수 사항 / 초경량비행장치 사고·조사 및 벌칙
이론 분야	비행준비 및 비행 전 점검 / 비행절차 / 비행 후 점검 / 기체의 각 부분과 조종면의 명칭 및 이해 / 추력부분의 명칭 및 이해 / 기초비행이론 및 특성 / 측풍이착륙 / 엔진고장 등 비정상 상황시 절차/ 비행장치의 안정과 조종 / 송수신 장비 관리 및 점검 / 배터리의 관리 및 점검 / 엔진의 종류 및 특성 / 조종자 및 역할 / 비행장치에 미치는 힘 / 공기흐름의 성질 / 날개 특성 및 형태 / 지면효과, 후류 등 / 무게중심 및 weight & balance / 사용가능기체(GAS) / 비행안전 관련 / 조종자 및 인적요소 / 비행관련 정보(AIP, NOTAM) 등
기상 분야	대기의 구조 및 특성 / 착빙 / 기온과 기압 / 바람과 지형 / 구름 / 시정 및 시정장애현상 / 고기압과 저기압 / 기단과 전선 / 뇌우 및 난기류 등

6 필기시험 일자 [※ 한국교통안전공단 홈페이지에서 연간 계획 참조!]

매월 시행. 단, 응시자 수에 따라 확대 시행한다.

7 필기시험 장소 항공안전법 시행규칙 제84조, 제306조

▶ 서울시험장 : 항공시험처 (서울 마포구 구룡길 15)

▶ 부산시험장 : 부산본부 (부산 사상구 학장로 256)

▶ 광주시험장 : 광주전남본부 (광주 남구 송암로 96)

▶ 대전시험장 : 대전충남본부 (대전 대덕구 대덕대로 1417번길 31)

▶ 화성시험장 : 드론자격시험센터(경기도 화성시 송산면 삼존로 200)

※ 지방 화물시험장(부산, 광주, 대전, 춘천, 대구, 전주, 제주)

8 **학과시험 시행 방법** 항공안전법 제43조 및 시행규칙 제82조, 제84조, 제306조

- ▶ **시행 담당** : 031)645-2103, 2104(초경량비행장치 실비행시험)
- ▶ **시행 방법** : 컴퓨터에 의한 시험 시행
- ▶ **문 제 수** : 초경량비행장치조종자 통합 40문제)
- ▶ **시험 시간** : 50분
- ▶ **시작 시간** : 평일(10:00, 14:00, 17:00), 주말(10:00, 11:00, 14:00)
  - * 시작시간은 여러 종류의 시험시행으로 시험 일자에 따라 달라질 수 있음
- ▶ **응시 제한 및 부정행위 처리**
- − 시험 시작시간 이후에 시험장에 도착한 사람은 응시 불가
- − 시험 도중 무단으로 퇴장한 사람은 재입장 할 수 없으며 해당 시험 종료처리
- − 부정행위 또는 주의사항이나 시험감독의 지시에 따르지 아니하는 사람은 즉각 퇴장조치 및 무효처리하며, 향후 2년간 공단에서 시행하는 자격시험의 응시자격 정지

9 **필기 합격자 발표** 항공안전법 시행규칙 제83조, 제85조, 제306조

- ▶ **발표 방법** : 시험 종료 즉시 시험 컴퓨터에서 확인
- ▶ **발표 시간** : 시험 종료 즉시 결과 확인(공식적인 결과 발표는 홈페이지로 18:00 발표)
- ▶ **합격 기준** : 70% 이상 합격 (과목당 합격 유효)
- ▶ **합격 취소** : 응시자격 미달 또는 부정한 방법으로 시험에 합격한 경우 합격 취소
- ▶ **유효 기간** : 해당 과목 합격일로 부터 2년간 유효
  - − 학과합격 유효기간 : 최종과목 합격일로부터 2년간 합격 유효
  - − 실기접수 유효기간 : 최종과목 합격일로부터 2년간 접수 가능

5. 실기 시험은 이렇게!

1 **실기 시험 면제 기준 : 해당사항 없음**

2 **실기 시험 원서 접수 기간** 항공안전법 시행규칙 제84조, 제306조

  ▶ **접수담당** : 031)645-2103, 2104(초경량비행장치 실 비행시험)

  ▶ **접수일자** : 실 비행시험 - 시험일 2주전(前) 수요일 ~ 시험시행일 전(前) 주 월요일

  ▶ **접수시작시간** : 접수 시작일 20:00

  ▶ **접수마감시간** : 접수 마감일 23:59

  ▶ **접수변경** : 시험 일자를 변경하고자 하는 경우 환불 후 재 접수

  ▶ **접수제한** : 정원제 접수에 따른 접수인원 제한

  ▶ **응시제한** : 이미 접수한 시험의 결과가 발표된 이후 다음시험 접수 가능

  - 목적 : 응시자 누구에게나 공정한 응시기회 제공

  ※ 실기시험 접수 시 반드시 사전에 교육기관과 비행장치 및 장소 제공 일자는 협의된 날짜로 접수할 것.

3 **실기 시험 접수방법**

  ▶ **인터넷** : 공단 홈페이지 항공종사자 자격시험 페이지

  ▶ **결제 수단** : 인터넷(신용카드, 계좌이체)

4 **실기 시험 환불기준** 항공안전법 시행규칙 제321조

  ▶ **환불기준** : 수수료를 과오납한 경우, 공단의 귀책사유 등으로 시험을 시행하지 못한 경우, 실기시험 시행일자 기준 8일전날 23 : 59까지 또는 접수가능 기간까지 취소하는 경우

  * 예시 : 시험일(1월 10일), 환불마감일(1월 2일 23:59까지)

  ※ 근거 : 민법 제6장 기간 (제155조부터 제161조)

  ▶ **환불금액** : 100% 전액

  ▶ **환불시기** : 신청즉시 (실제 환불확인은 카드사나 은행에 따라 5~6일 소요)

5 **실기 시험 환불방법**

  ▶ **환불담당** : 031)645-2102

  ▶ **환불장소** : 공단 홈페이지 항공종사자 자격시험 페이지

  ▶ **환불종료** : 환불마감일의 23 : 59까지

  ▶ **환불방법** : 홈페이지 [시험원서 접수] - [접수취소/환불] 메뉴 이용

6 **응시수수료** : 72,600원

7 **실기 시험 일자** : 연간 계획 참조(각 지역별, 각 전문교육기관별 계획)

　　※ 한국교통안전공단 홈페이지를 반드시 확인 요망 !

8 **실기시험 시행방법** 항공안전법 제43조 및 시행규칙 제82조, 제84조, 제306조

- ▶ **시험담당** : 031)645-2103, 2104(초경량비행장치 실 비행시험)

- ▶ **시행방법** : 구술 및 실 비행시험

- ▶ **시작시간** : 공단에서 확정 통보된 시작시간(시험접수 후 별도 SMS 통보)

- ▶ **응시제한 및 부정행위 처리**

　　- 사전 허락없이 시험 시작시간 이후에 시험장에 도착한 사람은 응시 불가

　　- 시험위원 허락없이 시험 도중 무단으로 퇴장한 사람은 해당 시험 종료처리

　　- 부정행위 또는 주의사항이나 시험감독의 지시에 따르지 아니하는 사람은 즉각 퇴장조치 및 무효처리하며, 향후 2년간 공단에서 시행하는 자격시험의 응시자격 정지

9 **실기시험 합격발표** 항공안전법 시행규칙 제83조, 제85조, 제306조

- ▶ **발표방법** : 시험종료 후 인터넷 홈페이지에서 확인

- ▶ **발표시간** : 시험당일 18 : 00 (단, 기상 등의 이유로 시험이 늦어진 경우에는 채점이 완료된 시각)

- ▶ **합격기준** : 채점항목의 모든 항목에서 "S" 등급 이상 합격

- ▶ **합격취소** : 응시자격 미달 또는 부정한 방법으로 시험에 합격한 경우 합격 취소

10 **1종 실기(실 비행 및 구술)시험**

　1) 실 비행 시험

영역	항목	평가기준
비행 전 절차	비행 전 점검	제작사에서 제공된 점검리스트에 따라 점검할 수 있을 것
	기체의 시동	정상적으로 비행장치의 시동을 걸 수 있을 것
	이륙전 점검	이륙 전 점검을 정상적으로 수행할 수 있을 것(이륙 전 점검이 필요한 비행장치만 해당)
이륙 및 공중 조작	이륙 비행	① 이륙 위치에서 이륙하여 스키드 기준 고도(3~5m)까지 상승 후 호버링 　(기준고도 설정 후 모든 기동은 설정한 고도와 동일하게 유지) ② 호버링중 에일러론, 엘리베이터, 러더 이상 유무 점검 ③ 세부 기준 ● 이륙 시 기체 쏠림이 없을 것 　● 수직 상승할 것 ● 상승 속도가 너무 느리거나 빠르지 않고 일정할 것 ● 기수 방향을 유지할 것 ● 측풍 시 기체의 자세 및 위치를 유지할 수 있을 것

영역	항목	평가기준
이륙 및 공중 조작	공중 정지 비행 (호버링)	① 호버링 위치(A지점)로 이동하여 기준 고도에서 5초 이상 호버링 ② 기수를 좌측(우측)으로 90도 돌려 5초 이상 호버링 ③ 기수를 우측(좌측)으로 180도 돌려 5초 이상 호버링 ④ 기수가 전방을 향하도록 좌측(우측)으로 90도 돌려 호버링 ⑤ 세부 기준 • 고도 변화 없을 것(상하 0.5m까지 인정) • 기수 전방, 좌측, 우측 호버링시 위치 이탈 없을 것(무인멀티·헬리콥터 중심축 기준 반경 1m까지 인정)
	직진 및 후진 수평 비행	① A지점에서 E지점까지 40m 전진 후 3~5초 동안 호버링 ② A지점까지 후진 비행 ③ 세부 기준 • 고도 변화 없을 것(상하 0.5m까지 인정) • 경로이탈 없을 것(무인멀티&헬리콥터 중심축 기준 좌우 1m까지 인정) • 속도를 일정하게 유지할 것(지나치게 빠르거나 느린 속도, 기동중 정지 등이 없을 것) • E지점을 초과하지 않을 것(5m까지 인정) • 기수 방향이 전방을 유지할 것
	삼각 비행	① A지점에서 B지점(D지점)까지 수평 비행 후 5초 이상 호버링 ② A지점(호버링 고도+수직 7.5m)까지 45도 대각선 방향으로 상승하여 5초 이상 호버링 ③ D지점(B지점)의 호버링 고도까지 45도 대각선 방향으로 하강하여 5초 이상 호버링 ④ A지점으로 수평 비행하여 복귀 후 5초 이상 호버링 ⑤ 세부 기준 • 경로 및 위치 이탈이 없을 것 (무인멀티&헬리콥터 중심축기준 1m까지 인정) • 속도를 일정하게 유지할 것(지나치게 빠르거나 느린 속도, 기동중 정지 등이 없을 것)
	원주 비행 (리더턴)	① 최초 이륙지점으로 이동하여 기수를 좌(우)로 90도 돌려 5초 이상 호버링 후 반경 7.5m(A지점 기준)로 원주비행(B → C → D → 이륙지점 또는 D → C → B → 이륙지점 순서로 진행되며 각 지점을 반드시 통과해야 함) ② 이륙 장소에 도착하여 5초 이상 호버링 후 기수 방향을 전방으로 돌려 5초 이상 호버링 ③ 세부 기준 • 고도 변화 없을 것(상하 0.5m까지 인정) • 경로이탈 없을 것(무인멀티&헬리콥터 중심축 기준 1m까지 인정) • 속도를 일정하게 유지할 것(지나치게 빠르거나 느린 속도, 기동중 정지 등이 없을 것) • 진행방향과 기수방향 일치 및 유지(이륙지점 호버링 방향을 기준으로 B, D지점 90도, C지점 180도) • 기동중 과도한 에일러론 조작이 없을 것
	비상 조작	① 기준 고도에서 2m 상승 후 호버링 ② 실기위원의 "비상" 구호에 따라 일반 기동 보다 1.5배 이상 빠르게 비상 착륙장으로 하강 한 후 비상 착륙장 기준 고도 1m이내에서 잠시 정지하여 위치 수정 후 즉시 착륙 ③ 세부 기준 • 하강시 스로틀을 조작하여 하강을 멈추거나 고도 상승시(착륙직전 제외) • 직선 경로(최단 경로)로 이동할 것 • 착륙 전 일시 정지시 고도는 비상 착륙장 기준 1m까지 인정 • 정지 후 신속하게 착륙할 것 • 랜딩 기어를 기준으로 비상 착륙장의 이탈이 없을 것

영역	항목	평가기준
착륙 조작	정상 접근 및 착륙 (자세모드)	① 비상 착륙장에서 이륙하여 기준 고도로 상승 후 5초 이상 호버링 ② 최초 이륙 지점까지 수평 비행하여 5초 이상 호버링 후 착륙 ③ 세부 기준 • 가수 방향 유지 • 수평 비행시 고도변화 없을 것(상하 0.5m까지 인정) • 경로 이탈이 없을 것(무인멀티&헬리콥터 중심축 기준 1m까지 인정) • 속도를 일정하게 유지할 것(지나치게 빠르거나 느린 속도, 기동중 정지 등이 없을 것) • 착륙 직전 위치 수정 1회 이내 가능 • 무인멀티콥터 중심축을 기준으로 착륙장의 이탈이 없을 것
	측풍 접근 및 착륙	(기준 고도까지 이륙 후 가수 방향 변화없이 D지점(B지점)으로 직선경로(최단경로)로 이동) ① 가수를 바람 방향(D지점 우측, B지점 좌측을 가정)으로 90도 돌려 5초 이상 호버링 ② 가수 방향의 변화없이 이륙지점까지 직선경로(최단경로)로 수평 비행하여 5초 이상 호버링 후 착륙 ③ 세부 기준 • 수평비행시 고도 변화 없을 것(상하 0.5m까지 인정) • 경로 이탈이 없을 것(무인멀티콥터 중심축 기준 1m까지 인정) • 속도를 일정하게 유지할 것(지나치게 빠르거나 느린 속도, 기동 중 정지 등이 없을 것) • 착륙 직전 위치 수정 1회 이내 가능 • 무인멀티콥터 중심축을 기준으로 착륙장의 이탈이 없을 것
비행 후 점검	비행 후 점검	착륙 후 점검 절차 및 항목에 따라 점검 실시
	비행 기록	로그북 등에 비행 기록을 정확하게 기재할 수 있을 것
종합 능력	계획성	실기시험 항목 전체에 대한 종합적인 기량을 평가
	판단력	
	규칙의 준수	
	조작의 원활성	
	안전거리 유지	

2) 구술 시험

항 목	세부 내용	평가 기준
기체에 관련한 사항	① 기체 형식(무인멀티콥터 형식) ② 기체 제원(자체 중량, 최대이륙중량, 배터리 규격) ③ 기체 규격(로터 직경) ④ 비행 원리(전후진, 좌우횡진, 가수 전환의 원리) ⑤ 각 부품의 명칭과 기능(비행제어기, 자이로센서, 기압센서, 지자기센서, GPS 수신기) ⑥ 안전성인증검사, 비행계획승인 ⑦ 배터리 취급시 주의사항	각 세부 항목별로 충분히 이해하고 설명할 수 있을 것
조종자에 관련한 사항	초경량비행장치 조종자 준수사항	
공역 및 비행장에 관련한 사항	① 비행 금지 구역 ② 비행 제한 공역 ③ 관제 공역 ④ 허용 고도 ⑤ 기상 조건 (강수, 번개, 안개, 강풍, 주간)	
일반 지식 및 비상 절차	① 비행 계획 ② 비상 절차 ③ 충돌 예방(우선권) ④ NOTAM(항공고시보)	
이륙중 엔진 고장 및 이륙 포기	이륙중 비정상 상황시 대응방법	

※ 각 항목은 빠짐없이 평가되어야 함

※ 세부 내용이 많은 항목은 임의로 추출(3개 이상)하여 구술로 평가 가능

11 2종 실기(실 비행 및 구술) 시험

1) 실 비행 시험

영 역	항 목	평 가 기 준
비행 전 절차	비행 전 점검	제작사에서 제공된 점검리스트에 따라 점검할 수 있을 것
	기체의 시동	정상적으로 비행장치의 시동을 걸 수 있을 것
	이륙전 점검	이륙전 점검을 정상적으로 수행할 수 있을 것 *이륙전 점검이 필요한 비행장치만 해당
이륙 및 공중 조작	이륙비행	① 이륙위치에서 이륙하여 스키드 기준 고도(3~5m) 까지 상승 후 5초 이상 호버링 * 기준고도 설정 후 모든 기동은 설정한 고도와 동일하게 유지 ② 호버링 중 에일러론, 엘리베이터, 러더 이상 유무 점검 ③ 세부 기준 • 이륙 시 기체쏠림이 없을 것 • 수직상승할 것 • 상승속도가 너무 느리거나 빠르지 않고 일정할 것 • 기수방향을 유지할 것 • 측풍시 기체의 자세 및 위치를 유지할 수 있을 것
	직진 및 후진 수평비행	① 이륙위치에서 C지점까지 전진 후 5초 동안 호버링 ② A지점까지 후진비행 후 5초 이상 호버링 ③ 세부기준 • 고도변화 없을 것(상하 0.5m까지 인정) • 경로이탈 없을 것(무인멀티콥터 메인로터 중심축 기준 좌우 1m까지 인정) • 속도를 일정하게 유지할 것(지나치게 빠르거나 느린 속도, 기동중 정지 등이 없을 것) • C지점에 못 미치거나 초과하지 않을 것(1m까지 인정) • 기수 방향이 전방을 유지할 것
	삼각비행	① A지점에서 B지점(D지점)까지 수평 비행 후 5초 이상 호버링 ② A지점(호버링 고도+수직 7.5m)까지 45도 대각선 방향으로 상승하여 5초 이상 호버링 ③ D지점(B지점)의 호버링 고도까지 45도 대각선 방향으로 하강하여 5초 이상 호버링 ④ A지점으로 수평비행하여 복귀 후 5초 이상 호버링 ⑤ 세부기준 • 경로 및 위치 이탈이 없을 것(무인멀티콥터 중심축기준 1m까지 인정) • 속도를 일정하게 유지할 것(지나치게 빠르거나 느린 속도, 기동중 정지 등이 없을 것)
	마름모비행	① 최초 이륙지점으로 이동하여 기수를 전방으로 유지한 채 5초 이상 호버링 ② 기수를 전방으로 유지한 채 B → C → D → 최초 이륙지점 또는 D → C → B → 최초 이륙지점 순서로 진행 * 각 지점을 반드시 통과해야 함 ③ 최초 이륙지점에 도착하여 5초 이상 호버링 ④ 세부 기준 • 고도변화 없을 것(상하 0.5m까지 인정) • 경로이탈 없을 것(무인멀티콥터 중심축기준 1m까지 인정) • 속도를 일정하게 유지할 것(지나치게 빠르거나 느린 속도, 기동중 정지 등이 없을 것) • 기수방향 전방으로 유지

영역	항목	평가 기준
착륙 조작	측풍접근 및 착륙	(B지점 또는 D지점으로 이동) ① 기수를 바람방향(D지점 우측, B지점 좌측을 가정)으로 90도 돌려 5초 이상 호버링 ② 기수방향의 변화 없이 이륙지점까지 직선경로(최단경로)로 수평 비행하여 5초 이상 호버링 후 착륙 ③ 세부 기준 • 수평비행시 고도변화 없을 것(상하 0.5m까지 인정) • 경로이탈이 없을 것(무인멀티콥터 중심축 기준 1m까지 인정) • 속도를 일정하게 유지할 것 (지나치게 빠르거나 느린속도, 기동중 정지 등이 없을 것) • 착륙직전 위치 수정 1회 이내 가능 • 무인멀티콥터 중심축을 기준으로 착륙장의 이탈이 없을 것
비행 후 점검	비행 후 점검	착륙 후 점검 절차 및 항목에 따라 점검 실시
	비행기록	로그북 등에 비행 기록을 정확하게 기재 할 수 있을 것
종합 능력	계획성	실기시험 항목 전체에 대한 종합적인 기량을 평가
	판단력	
	규칙의 준수	
	조작의 원활성	
	안전거리 유지	

2) 구술 시험

항 목	세부 내용	평가 기준
기체에 관련한 사항	① 기체 형식(무인멀티콥터 형식) ② 기체 제원(자체 중량, 최대이륙중량, 배터리 규격) ③ 기체 규격(로터 직경) ④ 비행 원리(전후진, 좌우횡진, 기수 전환의 원리) ⑤ 각 부품의 명칭과 기능(비행제어기, 자이로센서, 기압센서, 지자기센서, GPS 수신기) ⑥ 안전성인증검사, 비행계획승인 ⑦ 배터리 취급시 주의사항	각 세부 항목별로 충분히 이해하고 설명할 수 있을 것
조종자에 관련한 사항	초경량비행장치 조종자 준수사항	
공역 및 비행장에 관련한 사항	① 비행 금지 구역 ② 비행 제한 공역 ③ 관제 공역 ④ 허용 고도 ⑤ 기상 조건 (강수, 번개, 안개, 강풍, 주간)	
일반 지식 및 비상 절차	① 비행 계획 ② 비상 절차 ③ 충돌 예방(우선권) ④ NOTAM(항공고시보)	
이륙중 엔진 고장 및 이륙 포기	이륙중 비정상 상황시 대응방법	

12 실기시험 합격발표 (항공안전법 시행규칙 제83조, 제85조, 제306조)

▶ **발표방법** : 시험종료 후 인터넷 홈페이지에서 확인

▶ **발표시간** : 시험당일 18 : 00 (단, 기상 등의 이유로 시험이 늦어진 경우에는 채점이 완료된 시각)

▶ **합격기준** : 채점항목의 모든 항목에서 "S"등급 이상 합격

▶ **합격취소** : 응시자격 미달 또는 부정한 방법으로 시험에 합격한 경우 합격 취소

6. 합격 자격증을 받으려면(자격증 발급)

1 **자격증 신청 제출서류** 항공안전법 시행규칙 제87조

- (필수) 명함사진 1부
- (필수) 2종 보통 이상 운전면허 사본 1부

※ 2종 보통 이상 운전면허 신체검사 증명서 또는 항공신체검사증명서도 가능

2 **자격증 신청 방법** 항공안전법 시행규칙 제87조, 제306조, 제321조

- **발급담당** : 031)645-2102(초경량비행장치조종자)
- **수 수 료** : 초경량비행장치조종자(11,000원)
- **신청기간** : 최종합격발표 이후 (인터넷 : 24시간, 방문 : 근무시간)
- **신청장소**
  - 인터넷 : 공단 홈페이지 항공종사자 자격시험 페이지
  - 방 문 : 드론자격시험센터 사무실(평일 09 : 00 ∼ 18 : 00)
  - ※ 주소 : 경기도 화성시 송산면 삼존로 200 드론자격시험센터
  - * 초경량비행장치 조종자 증명만 발급 가능
- **결제수단** : 인터넷(신용카드, 계좌이체), 방문(신용카드, 현금)
- **처리기간** : 인터넷 (2∼3일 소요), 방문(10∼20분)
- **신청취소** : 인터넷 취소 불가(위 발급담당자에게 전화로 취소 요청)
- **책임여부** : 발급책임 (공단), 발급신청 / 우편 배송 / 대리수령 / 수령 확인(신청자)

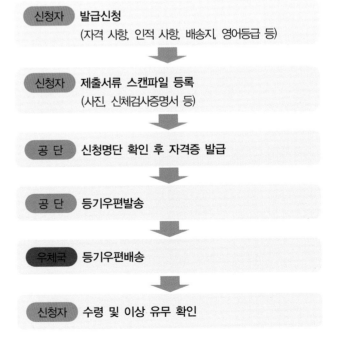

신청자	발급신청 (자격 사항, 인적 사항, 배송지, 영어등급 등)
신청자	제출서류 스캔파일 등록 (사진, 신체검사증명서 등)
공 단	신청명단 확인 후 자격증 발급
공 단	등기우편발송
우체국	등기우편배송
신청자	수령 및 이상 유무 확인

2 | 교육기관

1. 개요

자격증 취득과 연계하여 자격증을 취득할 수 있는 교육기관은 두 가지의 종류로 나누어진다. 먼저 항공안전법 제126조, 항공안전법 시행규칙 제307조에 의거하여 교통안전공단의 지정을 받아 운영하는 전문교육기관과 지정을 받지 않고 일반적으로 운영하는 "사용사업체" 즉 일반교육원이 있다.

2. 전문교육기관

전문교육기관은 항공안전법 제126조, 항공안전법 시행규칙 제307조에 의거하여 일정한 자격 즉 전문적인 교육을 진행할 수 있는 인원(지도조종자, 실기평가 조종자), 장비(1,2,3종 기체 각 1대 이상), 장소(강의실, 사무실, 훈련장, 제반 부대시설 등) 등을 요건에 맞게 갖춘 후 교통안전공단의 실사를 받아 적격판정을 받은 기관을 말한다.

자격증 취득과 관련된 특징적인 것은 첫째, 학과시험을 교통안전공단에서 위임받아 자체 교육원에서 실시하고 결과를 보고한다. 둘째, 실기시험을 해당 교육원(장소)에서 실시하며, 교통안전공단 실기시험위원이 파견되어 실시한다.

우리나라에서 처음으로 전문교육기관을 지정받은 기관은 2014년 5월 19일에 (주)무성항공 아카데미와 성우엔지니어링 무인항공기 교육원이었다. 이 두 기관은 처음에 무인헬리콥터로 시작하여 현재는 무인멀티콥터교육을 병행하고 있다. 멀티콥터로는 2015년 1월 22일 (주)카스컴 비행교육원이 시초이다. 당시에는 구매자의 자격을 구비해 주기 위해 시작하였다. 본격적으로 순수 교육을 목적으로 실시된 것은 2016년 초 항공대학교 무인항공교육원과 아세아항공직업전문학교 무인항공교육원이다.

우리나라에서 멀티콥터 자격증 취득을 위한 전문교육기관은 2022년 전반기 현재 총 212개 기관이 운영되고 있다.(세부현황은 항공교육훈련포털 홈페이지 전문교육기관 안내의 "드론교육"을 참조하라)

3. 사용사업체

사용사업체는 일정 요건을 갖춘 후 관할 지방항공청의 항공사업 승인을 받아서 운영할 수 있는 교육기관이다. 자격증 취득과 관련된 특징적인 것은 첫째, 학과시험을 교통안전공단에서 개인별로 응시하여 합격을 하여야 한다. 둘째, 실기훈련을 해당 교육원의 훈련장에서 실시하고 실기시험은 교통안전공단에서 지정된 전국의 10개 시험장에서 실시한다(경기 화성, 강원 영원, 충남 청양, 충북 보은, 전북 전주, 전남 순천, 광주, 경북 영천, 경남 김해, 경남 사천 등 10개소).

대부분의 교육기관이 사용사업체로 시작하여 각종 요건을 갖춘 후 전문교육기관으로 지정 받는 것이 통례이다. 2019년 4월말 사용사업체의 수는 전국적으로 약 450여 기관 이상으로 추정된다(최근 교육생 급감으로 폐쇄와 신설이 급변하여 정확한 집계가 어려운 실정이다).

4. 전문교육기관과 사용사업체의 비교

전문교육기관과 사용사업체의 비교

구분	전문교육기관	사용사업체	비고
필기시험	자체시험으로 갈음	교통안전공단 응시	시간, 교육비, 합격률 비교
실기시험	교육원 별 훈련장	전국 10개 시험장	
기타	자격요건 후 실사/지정	항공사업승인 신청 후	

전문교육기관과 사용사업체를 크게 비교해보면 위의 표와 같다. 자격증 취득에 시간, 교육비, 합격률 등을 비교하여 자기에게 맞는 교육원을 선정하여 자격증을 취득하는 것이 타당하다. 특히 교육비는 지역적으로 많은 차이가 있으므로 교육원에 확인 후 결정하는 것이 효과적이다.

평가 시 상호 협조가 되면 전문교육기관과 사용사업체 간의 방문하여 평가가 가능하다. 즉 전문교육기관 수료 교육생은 전국의 10개 평가장에서 시험 응시가 가능하고 사용사업체도 전문교육기관에서 시험응시가 가능하다.(2020년 12월 9일 이후)

03 사업자 등록(관할 세무서)

CHAPTER

1 | 사업자 등록 안내(출처 : 국세청)

1. **사업상 독립적으로 재화 또는 용역을 공급하는 사람은 사업자등록을 하여야 한다.**

   가. 사업자는 사업장마다 사업 개시 일부터 20일 이내에 사업장 관할 세무서장에게 사업자등록을 신청해야 한다.

   나. 신규로 사업을 시작하려는 사람은 사업 개시일 이전이라도 사업자등록을 신청할 수 있다.

2. **실제사업을 하는 사람이 사업자등록을 하여야 하며, 명의대여 시 사업과 관련한 각종 세금이 명의를 빌려준 사람에게 나온다.**

   가. 명의를 빌린 사람이 세금을 내지 않으면 명의를 빌려 준 사람이 세금을 납부해야 하며, 다른 소득이 있을 경우 소득합산으로 세금부담은 더욱 크게 늘어난다.

   나. 소득금액의 증가로 인하여 국민연금 및 건강보험료 부담이 커진다.

3. **세금을 못 낼 경우 명의를 빌려준 사람의 재산이 압류·공매되고 신용불량자가 되는 등 큰 피해를 볼 수 있다.**

   가. 세금을 못 낼 경우 명의를 빌려준 사람의 재산이 압류되며, 그래도 세금을 내지 않으면 압류한 재산이 공매 처분되어 밀린 세금에 충당된다.

   나. 체납사실이 금융기관에 통보되어 대출금 조기상환 요구 및 신용카드 사용정지 등 금융거래상 각종 불이익을 받을 수 있고, 여권 발급과 출국이 제한될 수도 있다.

4. 실질사업자가 밝혀지더라도 명의를 빌려준 책임을 피할 수는 없다.

가. 명의대여자도 실질사업자와 함께 조세포탈범, 체납범 또는 질서범으로 처벌받을 수 있으며, 1년 이하의 징역이나 1천만원 이하의 벌금(명의를 사용한 자는 2년 이하의 징역이나, 2천만원 이하의 벌금)에 처한다.

나. 명의대여 사실이 국세청 전산망에 기록·관리되어 본인이 실제 사업을 하려할 때 불이익을 받을 수 있다.

2 | 사업자등록 신청(자료 : 국세청)

1. 사업자등록 신청 절차(부가가치세법 제8조)

가. 사업자등록은 사업장마다 한다.

(1) "사업자단위과세자"가 아닌 경우는 사업장이 여럿이면 각각의 사업장마다 별도로 사업자등록을 한다.

나. 사업개시 전 또는 사업을 시작한 날부터 20일 이내 구비서류를 갖추어 관할세무서 또는 가까운 세무서 민원봉사실에 신청한다.

(1) 사업자등록신청서는 사업자 본인이 자필로 서명한다.

(2) 대리인이 신청할 경우 대리인과 위임자의 신분증을 필히 지참하며 사업자등록신청서에 사업자 본인 및 대리인 모두 인적 사항을 기재하고 자필 서명한다.

(3) 2인 이상의 사업자가 공동사업을 하는 경우 사업자등록신청은 공동사업자 중 1인을 대표자로 하여 대표자 명의로 신청한다.

다. 홈 텍스에 가입되어 있고 공인인증서가 있으면 세무서에 방문하지 않고 인터넷을 통하여 사업자등록 신청 및 구비서류 전자제출이 가능하다. 사업자등록이 완료되면 사업자등록증 발급도 가능하다.

(참조: "홈텍스(https://www.hometax.go.kr)〉신청/제출〉사업자등록신청/정정 등")

2. 간이 과세자와 일반과세자의 구분

가. 개인사업자는 공급대가에 따라 간이과세자와 일반과세자로 구분되므로 자기에게 맞는 올바른 과세유형을 선택한다.

    (1) **간이과세자** : 연간 공급대가 예상액이 4,800만 원 미만인 개인사업자이고, 다만, 아래 사업자는 연간 공급대가 예상액이 4,800만 원 미만이라도 간이과세를 적용받을 수 없다.

- 광업, 제조업(과자점, 떡방앗간, 양복 · 양장 · 양화점은 가능)
- 도매업(소매업 겸업 시 도 · 소매업 전체), 부동산매매업
- 시 이상 지역의 과세유흥장소
- 전문직사업자(변호사, 신판변론인, 변리사, 법무사, 공인회계사, 세무사, 경영지도사, 기술지도자, 감정평가사, 손해사정인업, 통관업, 기술사, 건축사, 도선사, 측량사업, 공인노무사업, 약사업, 한약사업, 수의사업 등)
- 국세청장이 정한 간이과세 배제 기준에 해당되는 사업자
- 현재 일반과세자로 사업을 하고 있는 자가 새로이 사업자등록을 낸 경우 (다만, 개인택시, 용달, 이 · 미용업은 간이과세 적용 가능)
- 일반과세자에게 포괄양수 받은 사업

3. 사업자단위과제 제도

가. 동일한 사업자에게 2개소 이상의 사업장이 있는 경우로서 해당 사업자의 본점 등을 관할하는 세무서장에게 사업자단위과세자로 등록한 사업자는 그 사업자의 본점 등에서 총괄하여 신고 · 납부 가능하다.

나. 본점 또는 주사무소를 포함하여 2개소 이상의 사업장을 신규로 개설하면서 사업자단위과세를 적용받고자 하는 경우 사업개시일부터 20일 이내에 본점 또는 주사무소 관할세무서장에게 등록한다.(사업자등록 신청서)

다. 기존사업자가 사업자단위과세를 적용받으려는 경우 과세기간 개시 20일전까지 등록한다.(사업자단위과세 등록신청서)

3 | 사업자등록 신청 시 제출서류(출처 : 국세청)

개 인	1. 사업자등록신청서 2. 임대차계약서 사본(사업장을 임차한 경우) 3. 인허가 등 사업을 영위하는 경우 허가 · 등록 · 신고증 사본 　가. 허가(등록, 신고) 전에 등록하는 경우 허가(등록)신청서 등 사본 또는 　　　사업계획서 4. 동업계약서(공동사업자인 경우) 5. 자금출처 명세서 (금지금 도 · 소매업, 액체 · 기체연료 도 · 소매업, 재사용 재료 　수집 및 판매업, 과세유흥장소 영위자) ※ 재외국민 · 외국인 등의 경우(1~5는 공통) 　– 재외 국민등록부 등본, 외국인등록증(또는 여권) 사본 　– 사업장내에 통상적 주재 않거나 6월 이상 국외체류 시 : 납세관리인 설정 　　신고서
영리법인	1. 법인설립신고 및 사업자등록신청서 2. (법인명의)임대차계약서 사본(사업장을 임차한 경우) 3. 주주 또는 출자자명세서 4. 사업허가 · 등록 · 신고필증 사본(해당 법인) 　– 허가(등록, 신고) 전에 등록하는 경우 허가(등록)신청서 등 사본 또는 　　사업계획서 5. 현물출자명세서(현물출자법인의 경우) 6. 자금출처 명세서 (금지금 도 · 소매업, 액체 · 기체연료 도 · 소매업, 재생용 재료 　수집 및 판매업, 과세유흥장소 영위자) 7. 사업자 단위과세 적용 신고자의 사업장 명세서(사업자단위과세 적용 신청한 　경우)

1. 개인사업자와 법인사업자의 차이점

1) 개인사업자가 법인전환 시 장점

① 법인 세율에 따라 세금을 부담하여 낮은 세율 적용으로 소득세 절감 가능.

② 근로소득, 배당소득, 퇴직금, 법인소득 등 소득의 분산을 통해 낮을 세율 적용가능.

③ 상속 및 증여 시 정부지원 활용 가능.

④ 시설법인에 양도하는 방식으로 하여 영업권을 평가하여 가치 보상 가능.

⑤ 대외 신용도 상승으로 투자, 대출 등 자금조달 및 납품, 공공사업 입찰, 정부 지원 사업 참여 시 유리.

구분	세율	적용세목
개인사업자	6% ~ 42%	종합소득세
법인사업자	10% ~ 25%	법인세

2) 개인사업자가 법인전환 시 단점

① 법인설립 절차의 까다로움(자본금, 주주명부, 인감증명서, 대표명의 통장 등 필요)

① 자금 사용에 대한 지출 증빙을 엄격하게 관리함

구분	설립절차	발생비용	첨부서류
개인 사업자	임대차 계약 후 임대차 계약서를 세무서에 신청	없음.	1. 사업자등록신청서 1부 2. 임대차계약서 사본 3. 허가(등록, 신고)증 사본(인·허가 등 사업을 　　영위하는 경우) - 허가(등록,신고)전에 등록하는 경우 : 　허가(등록)신청서 등 사본 또는 사업계획서 4. 동업계약서(공동사업자인경우) 5. 자금출처 명세서(금지금 도·소매업 및 　과세유흥장소 영위자) 6. 재외국민·외국인 등의 경우 - 재외국민등록부등본, 외국인등록증(또는 여권) 　원본 제시 후 사본 · 주민등록번호란에 재외국민등록번호, 　외국인등록번호(없을 경우 여권번호) 기재 - 국내에 6개월 이상 체류하지 않는 경우 : 　납세관리인 설정 신고서
법인 사업자	개인사업자 설립절차 외에 법원에 설립등기 필요	자본금과 등록면허세, 채권매입비 용 및 법무사 수수료 등	1. 법인설립신고 및 사업자등록신청서 1부 2. 법인등기부 등본(담당공무원의 확인에 　　동의하지 아니하는 경우에 한함) 3. 임대차계약서 사본 4. 주주 또는 출자자 명세서 5. 허가(등록, 신고)증 사본 　(인·허가 등 사업을 영위하는 경우) - 허가(등록, 신고)전에 등록하는 경우 : 　허가(등록)신청서 등 사본 또는 사업계획서 6. 자금출처 명세서(금지금 도·소매업 및 　과세유흥장소 영위자)

4 | 초경량비행장치 사업의 종류

1. 업무형태

① 서비스   ② 도 · 소매

2. 종목

① 비료, 농약살포, 씨앗뿌리기   ② 항공촬영

③ 사진촬영   ④ 조종교육

⑤ 드론 수리   ⑥ 측량업

⑦ 항공측량   ⑧ 드론 판매 등

04

항공사업 등록 (한국교통안전공단)

CHAPTER

1. 초경량비행장치 사용 사업

1) 정의 항공사업법 제2조

초경량비행장치사용 사업이란 타인의 수요에 맞추어 국토교통부령으로 정하는 초경량비행장치를 사용하여 유상으로 농약살포, 사진촬영 등 국토교통부령으로 정하는 업무를 하는 사업을 말한다.

2) 초경량비행장치 사용사업의 범위

① 비료 또는 농약 살포, 씨앗 뿌리기 등 농업 지원

② 사진촬영, 육상·해상 측량 또는 탐사

③ 산림 또는 공원 등의 관측 또는 탐사

④ 조종교육

⑤ 그 밖의 업무로서 다음 각 목의 어느 하나에 해당하지 아니하는 업무

  - 국민의 생명과 재산 등 공공의 안전에 위해를 일으킬 수 있는 업무

  - 국방·보안 등에 관련된 업무로서 국가 안보에 위협을 가져올 수 있는 업무

2. 초경량비행장치 영리 목적 사용금지(항공사업법 제71조)

누구든지 초경량비행장치를 사용하여 비행하려는 자는 다음 각 호의 어느 하나에 해당하는 경우를 제외하고는 초경량비행장치를 영리목적으로 사용해서는 아니 된다.

① 항공기대여업에 사용하는 경우

① 초경량비행장치사용사업에 사용하는 경우

① 항공레저스포츠사업에 사용하는 경우

3. 비행장치 사업등록 방법

1) 초경량비행장치사용사업을 경영하려는 자는 국토교통부령으로 정하는 바에 따라 신청서에 사업계획서와 그 밖에 국토교통부령으로 정하는 서류를 첨부하여 국토교통부장관에게 등록

🎬 드론 원스탑 민원 포털서비스의 사업 신고서 등록

2) 등록한 사항 중 국토교통부령으로 정하는 사항을 변경하려는 경우에는 국토교통부장관에게 신고

3) 초경량비행장치사용사업의 등록요건

구분	기준
1. 자본금 또는 자산평가액	가. 법인: 납입자본금 3천만원 이상 나. 개인: 자산평가액 3천만원 이상
2. 조종자	1명 이상
3. 장치	초경량비행장치(무인비행장치로 한정한다) 1대 이상
4. 보험(해당 보험에 상응하는 공제를 포함)	제3자 보험에 가입할 것

4) 초경량비행장치사용사업의 등록 신청: 초경량비행장치 사용사업을 등록하려는 자는 별지 서식(항공사업법 시행규칙 별지 제26호)의 등록신청서(전자문서로 된 신청서를 포함)에 다음의 서류(전자문서를 포함)를 첨부하여 한국교통안전공단 이사장에게 제출

① 사업계획서

- ▶ 사업목적 및 범위
- ▶ 초경량비행장치의 안전성 점검 계획 및 사고 대응 매뉴얼 등을 포함한 안전관리대책
- ▶ 자본금
- ▶ 상호·대표자의 성명과 사업소의 명칭 및 소재지
- ▶ 사용시설·설비 및 장비 개요
- ▶ 종사자 인력의 개요(반드시 조종자 표시 포함)
- ▶ 사업 개시 예정일

② 부동산을 사용할 수 있음을 증명하는 서류(타인의부동산을 사용하는 경우만 해당)

③ 자본금 입증서류(최대이륙중량 25kg 초과 무인비행장치를 사용할 경우에만 제출)

- ▶ (법인) 법인등기의 납입자본금 3천만원 이상
- ▶ (개인) 예금잔액증명서 등, 자산평가액 4,500만원 이상

④ 조종자(사업계획서 종사자 인력개요에 명단 기재)

 * 배터리 포함 자체중량 12kg 초과 시 자격증 사본 앞·뒷면 첨부

⑤ 초경량비행장치 신고증명서 사본(초경량비행장치 1대 이상)

 * 최대이륙중량 25kg 초과 시 항공안전기술원의 안전성인증서 첨부

⑥ 보험가입증서(기체별 대인 1억5천만원 이상)

⑦ 기타

- ▶ 법인등기부등본 또는 사업자등록증
- ▶ 대표 및 등기임원 주민등록번호
- ▶ 항공사업법 제9조(면허의 결격사유 등)에 의하여 대표 및 임원에 대한 면허 결격사유 해당여부 확인을 위해 주민등록번호 필요
- ▶ 조종교육은 고정자산이고 상시적으로 운영하는 비행 실습장을 사업장으로 등록하고자 할 경우

　　　　－ 부동산 사용권리 증빙서류·안전장비 및 시설 현황 및 사진

　　　　－ 실습장 안전관리 대책 등 제출

　　▶ 자체 제작한 비행장치인 경우 최대이륙중량을 입증할 수 있는 서류

　　　　－ 제작사 매뉴얼, 설계 자료 또는 최대이륙중량 상태에서의 무게 측정 사진

4. 사업등록 기관 : 한국교통안전공단 드론관리처

5. 벌칙(항공사업법 제78조)

1) 다음 각 호의 어느 하나에 해당하는 자는 1년 이하의 징역 또는 1천만원 이하의 벌금에 처한다.

　① 제48조제1항에 따른 등록을 하지 아니하고 초경량비행장치사용사업을 경영한 자

　② 제49조제2항에서 준용하는 제33조에 따른 명의대여 등의 금지를 위반한 초경량비행장치 사용사업자

2) 다음 각 호의 어느 하나에 해당하는 자는 1천만원 이하의 벌금에 처한다.

　① 제49조제7항에서 준용하는 제39조에 따른 명령을 위반한 초경량비행장치사용사업자

X

방제간
사고사례

1. 방제사고 유형

2. 사고사례

01 방제사고 유형

CHAPTER

본 자료 중 그래프, 사진 등의 일부는 교통안전공단에서 실시하는 지도조종자 교육에서 소개된 자료를 일부 재구성하여 탑재하였음을 미리 밝혀 둔다.

1 | 개요

사고는 발생하지 않도록 잘 운영하는 것이 가장 효과적인 방법이나, 많은 요원들이 운영하므로 발생 가능성이 크다. 또 환경적인 요인이 작용하여 발생하는 경우도 많다. 그러나 대부분의 사고는 인적요인으로 발생하는 경우가 대부분이다. 따라서 사고는 운영자가 주의 깊게 운영을 잘 하는 것이 최선의 방법이다.

2 | 사고분석

1. 사고유형분석

초경량비행장치 사고 유형을 분석해 보면, 접촉사고, 조작 미스, 페일세이프, 적재물 초과, 돌발 상황 및 기타 등이다. 그러나 가장 많은 비중은 접촉사고이다. 접촉사고 중에서 접촉 대상물을 분석해 보면, 눈에 잘 보이지 않는 전선에 추돌하는 경우가 가장 많으며, 전선의 경우 헬리콥터 로터 하향풍에 말려 올라와 추돌하는 경우도 있었다.

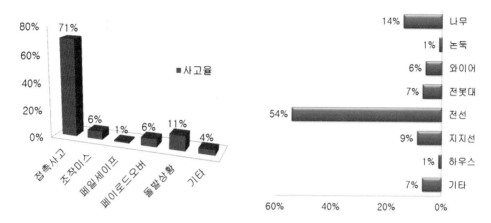

초경량비행장치 사고 유형별 분석(좌)과 접촉대상물 분석(우)

접촉사고의 유형을 분석해보면 부조종자(또는 신호수)의 위치부적절, 장애물을 향한 비행, 장애물과 근접비행, 제동실패, 안개발생, 태양정면 등이 있었다. 이중 부조종자의 위치부적절이 가장 높았으며 장해물을 인식하지 못하고 추돌하는 경우가 대부분이었다. 조종자가 장해물을 인지하여도 부조종자가 없는 상태에서 착시에 걸려 추돌한다.

접촉사고의 비행 패턴을 분석해보면 공중이동중, 장애물 정면, 장애물 옆, 장애물 위, 장애물 아래 등이었다. 이 중 장애물 정면비행이 가장 많았으며, 장애물 정면은 기본적으로 사고의 위험성을 가지고 있는 위험비행에 속하며, 작은 실수에 의해서 바로 사고로 연결될 수 있다.

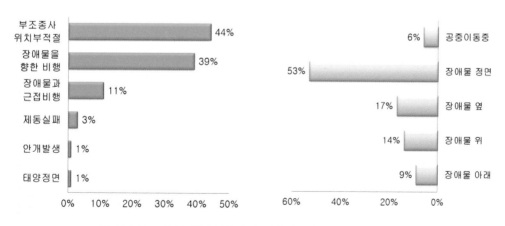

접촉사고 유형 별 분석(좌)과 접촉사고의 비행패턴 분석(우)

다음으로 접촉사고 중 조종자의 장애물 인지여부를 확인해보니 장애물 인지(53%), 미인지(47%) 사고 모두 부조종자의 위치 부적절로 인한 장애물의 확인 부족으로 일어난 사고가 대부분이었다.

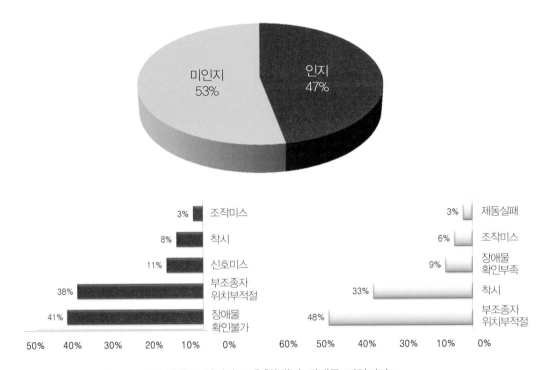

🎞 장애물 인지사고 유형(좌)과 장애물 미인지사고

장애물 인지사고 유형은 부조종자 위치 부적절, 착시, 장애물 확인부족, 조작미스, 제동실패 등으로 나타났으며 이중 부조종자 위치부적절이 가장 높은 48%였으며 착시에 의한 사고도 33%였다.

장애물 미인지 사고유형은 장애물 확인부족, 부조종자 위치부적절, 신호미스, 착시, 조작미스 등이었으며, 이중 장애물 확인부족이 41%로 가장 높았다.

2. 사고 비행패턴 분석

1) 장애물을 향한 비행

끝단 즉 엔드라인 부근 30미터 이내에 장애물이 위치하면 위험하다는 것이다. 조종자가 비행을 하다 끝단 지역에 도달할 즈음 부조종자(신호수)가 30-20-10미터로 신호를 보내다가 5-4-3-2-1미터 그리고 정지신호를 보낸다. 하지만 비행타성과 바람

(특히 돌풍 등)의 영향에 의해 통상 밀릴 수 있다. 그러면 순식간에 30미터 앞의 장애물과 추돌하게 된다. 따라서 장애물을 향한 비행은 아주 좋지 않다.

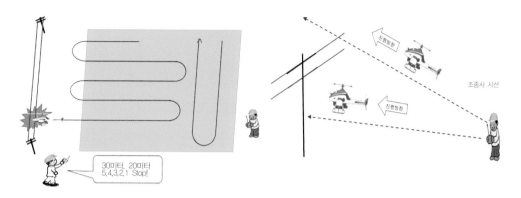

🪡 장애물을 향한 돌진비행의 예

위의 우측 그림은 장애물을 향한 고공 및 장애물 아래로의 비행이다. 대부분 조종자의 시선은 장애물을 회피한 지점에 있지만 실제 비행장치는 장애물로 돌질하는 경우로서 대부분 착시현상을 일으키기 때문이다. 유인기와 무인기 운용의 가장 큰 차이점은 유인기는 실제 그 지점에 가서 확인이 되지만, 무인기는 멀리서 조종을 하므로 가보지 않고 판단을 해야 한다는 점이다.

2) 장애물이 많은 지역에서의 장애물을 향한 패턴비행

장애물이 많은 지역에서 장애물을 향한 패턴 비행방법은 장애물을 등 뒤나 옆에 두고 방제를 하고, 방제구역을 반씩 나누어서 잘라치기하는 방법이 가장 안전하다. 진입이 어려울 경우에는 Back 살포 패턴을 이용하는 방법도 안전한 방법이다.

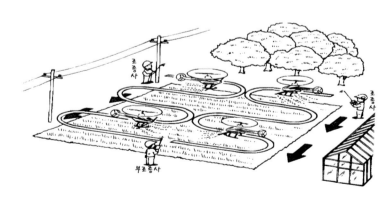

🪡 장애물이 많은 지역에서의 장애물을 향한 패턴비행방법

3. 부조종사(신호수) 위치 부적절 원인분석

방제사고의 대부분을 차지하는 것이 부조종자의 위치 부적절이다. 먼저 부조종자의 위치와 역할을 알아보면 방제 대상지 끝단(엔드라인)에 무인비행장치 진행방향으로 무인비행장치보다 먼저 이동한다. 먼저 이동하면서 장애물 확인 및 지형을 확인하여 조종자에게 정보를 전달하는 역할을 수행한다. 부조종자가 없는 경우 방제지 끝단 부근의 장애물 형태를 알지 못하기 때문에 사고의 위험성이 증가하게 된다.

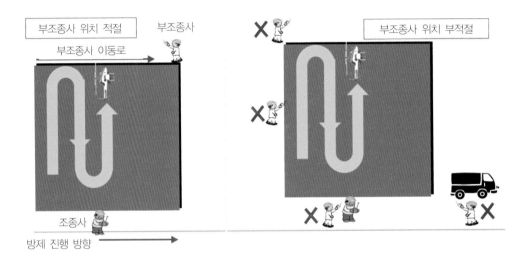

부조종자(신호수)의 적절한 위치(좌)와 부적절한 위치(우)의 경우

02 사고사례

CHAPTER

1 | 조종스틱 미스로 제방 둑 추돌사례

제방 둑을 향해 전진비행 중 조종스틱 조작미숙(요우=러더)으로 당황하여 제방 둑에 추돌한 사례이다. 이 사례의 그림을 보면 부조종자의 위치가 부적절함을 알 수 있다.

▨ 제방 둑 추돌사례

2 | 착시에 따른 전주 지지선 추돌사례

전진비행 중 부조종자의 착시(지지선의 방향)에 의한 지지선 추돌사례이다.

🦋 전주 지지선 추돌사례

3 | 방제지 끝단 나무 추돌사례

방제지 끝단End Line 부근의 장애물을 인식하고 전진비행 중 거리착각에 의해 제동 실패하여 나무와 추돌한 사례로서 그림에서 보는바와 같이 부조종자의 위치가 부적절하였다. 진행방향의 끝단에서 기체와 장애물 정보를 전달해야 한다.

🦋 방제지 끝단 나무 추돌사례

4 | 고도 착각에 의한 비닐하우스 추돌사례

장애물 인식 후 후진비행 시 고도 착각에 의해 비닐하우스에 추돌한 사례로서 그림에서 보는바와 같이 부조종자(신호수)의 위치가 부적절함을 알 수 있다. 부조종자는 진행방향의 끝단에서 기체와 장애물 정보를 전달해야 한다.

🎬 고도 착각에 의한 비닐하우스 추돌사례

5 | 착각으로 인한 전선 추돌사례

해가 산으로 넘어가 어두운 상태에서 전방에 있는 전선이 약200m 뒤에 있는 전선으로 착각하여 전진비행 중 추돌한 사례로 부조종자의 위치가 부적절하였다는 것을 알 수 있다.

🎬 거리 착각에 의한 전선 추돌사례

6 | 노끈이 풀려 주 로터에 추돌사례

　방제 중 논에 설치된 노끈이 풀려 감겨 올라와 주 로터와 추돌한 사례이다. 부조종자의 장애물 확인 및 장애물 정보를 조종자에게 전달하지 않은 것이다. 부조종자는 이동하면서 획득한 장애물 정보 등을 조종자에게 실시간 전달하여야 한다.

노끈이 풀려 주 로터에 추돌한 사례

7 | 거리 착각에 따른 전기 줄 추돌사례

　기체와 수직선상으로 비행하지 않고 사선으로 비행하여 거리 착각으로 인해 저기 줄에 추돌한 사례이다.

거리 착각에 의한 전기 줄 추돌한 사례

8 | 거리 착각에 따른 컨테이너 박스 추돌사례

부조종자 없이 거리착각에 의해 장애물(컨테이너 박스)에 추돌한 사례이다.

🎮 거리 착각에 의한 컨테이너 박스 추돌사례

9 | 악 기상(안내)에 의한 구조물 추돌사례

짙은 안개로 충분한 시야가 확보되지 않은 상태에서 무리하여 비행하여 콘크리트 구조물을 추돌한 사례이다.

🎮 악 기상(안개)에 의한 구조물 추돌사례

10 | 조종위치 부 적절에 의한 추락사례

차량(박스 카)의 후방에 탑승상태에서 조종하다 조종자가 떨어지면서 기체가 추락한 사례이다.

📷 조종위치 부 적절에 의한 추락사례

11 | 기타 방제 중 추락사고 모음

📷 약액 유출

📷 풀 숲 추락사고

🦋 농로에 추락사고　　　　　　　　　　🦋 논 가운데 추락사고

🦋 무인 헬리콥터 추락사고

🦋 진동에 의한 로터 마운트 파손으로 인한 추락

참고문헌

참고 문헌

1. 국방과학기술조사서, 제6권 항공, 우주, 국방기술품질원 / 2013
2. 국세청 부가가치세법, 사업등록절차 / 2019
3. 국토교통부, 드론 산업 발전 기본 계획 / 2017
4. 교통안전공단 지도조종자 교육자료(초경량비행장치 사고) / 2019
5. 노나미 외, 드론(무인항공기) 하늘의 산업혁명 (주)골든벨 / 2019
6. 농약정보 서비스(http://pis.rda.go.kr)
7. 농업기술실용화재단 홈페이지 / 2019
8. 류영기 외, 무인항공기(드론) 운용 총론, (주)골든벨 / 2019
9. 류영기 외. 무인비행장치운용 이론&필기시험, (주)골든벨 / 2019
10. 박장환 외, 드론 실기 및 구술시험, (주)골든벨 / 2019
11. 스카이 라인 / 2019
12. 오인선 외, 무인멀티콥터 드론 조종자 교과서, 복두출판사 / 2018
13. 이강희, 항공기상, 비행연구원 / 2018
14. 이강희 외 편저, 〈헬리콥터 역학과 비행〉, 비행연구원 / 2016
15. 이강희 · 최연철, 헬리콥터 역학과 비행, 비행연구원 / 2016
16. (주)숨비 홈페이지
17. (주)카스컴 홈페이지
18. 한국교통안전공단 초경량비행장치 조종자 증명시험 종합안내서 / 2019
19. 한국기술대학교 전기전자통신학부 실험자료
20. 한국 농기계 신문사 홈페이지 / 2019
21. 한국항공방제 / 2019
22. 항공사업법, 항공사업법 시행령, 항공사업법 시행규칙 / 2019
23. 항공안전법, 항공안전법 시행령, 항공안전법 시행규칙, 법제처 국가법령정보
    센터 / 2019
24. 항공철도사고조사위원회 홈페이지(초경량비행장치 사고조사 결과)
25. Barnhart R. K. Introduction to Unmanned Aircraft Systems. New York,
    USA : Taylor & Francis. / 2012
26. Etview Plus, 무인항공기 시대가 온다. 정보통신산업진흥원 / 2014
27. Hurd M.B. Control of a Quadcopter Aerial Robot Using Optic Flow,
    degree of Master of Science : University of Nevada, Reno, USA.. / 2013
28. K. R. Krishna, Agricultural Drones / 2018
29. Simon Rose, Agricultural Drones / 2017

초심자부터 전문 방제사까지

농업용 방제 드론

초 판 발 행 | 2019년 7월 30일
제3판2쇄발행 | 2024년 1월 25일

저　　자 | 양영식, 이재원, 류영기, 박장환
발 행 인 | 김길현
발 행 처 | (주)골든벨
등　　록 | 제 1987—000018 호　ⓒ 2019 Golden Bell
I S B N | 979-11-5806-394-8
가　　격 | 28,000원

이 책을 만든 사람들

교 정 및 교 열 | 이상호
제 작 진 행 | 최병석
오 프 마 케 팅 | 우병춘, 이대권, 이강연
회 계 관 리 | 김경아

편 집 · 디 자 인 | 조경미, 박은경, 권정숙
웹 매 니 지 먼 트 | 안재명, 서수진
공 급 관 리 | 오민석, 정복순, 김봉식

㉾ 04316 서울특별시 용산구 원효로 245(원효로1가 53-1) 골든벨빌딩 5~6F
● TEL : 도서 주문 및 발송 02-713-4135 / 회계 경리 02-713-4137
　　　　내용 관련 문의 070-8854-3656 / 해외 오퍼 및 광고 02-713-7453
● FAX : 02-718-5510　　● http : // www.gbbook.co.kr　　● E-mail : 7134135@ naver.com